JN072079

カビの取扱説明書

浜田信夫

角川文庫
23195

はじめに

体温と常温

若い微生物の研究者と話をしていると、「なぜカビは37℃で培養しないのですか？」と質問されることがある。微生物の教科書を見ると、細菌は37℃で培養実験をするのに対して、カビは25℃で培養実験をする、と確かに書いてある。

そこで私は身の回りのさまざまなカビを37℃で培養してみたのだが、25℃で培養した場合に比べて、$\frac{1}{100}$以下のカビしか生えてこなかった。30℃を超えると環境中の多くのカビはバテてしまう。餅《もち》に生えたさまざまなカビを37℃で培養しようとしても、まず生えてこない。

そもそも細菌もカビも同じような環境に生育しているなら、同じように一般的な環境（15～25℃）に適応しているはずだ。細菌を多く見つけようとするなら25℃で培養する方がよいのである。一般環境に生息する細菌の中で、37℃で生育できるものはむしろ少数派だ。細菌の方がカビより高温環境を好んでいるわけではない。ではなぜ細菌は培養温度がカビより高いのか。

細菌を研究している人の多くは、ヒトの体内で生育できる細菌だけを見つけようとしているからだ。ペストやコレラなどの恐ろしい病原菌や、腸管出血性大腸菌O157などの食中毒菌などの細菌は、ヒトの健康を脅かす。研究者はおもにこういった菌のみを問題にしている。だから人の体温である37℃で培養するのだ。

一般環境中の細菌を調べるときは30℃以下で培養することになるが、そのようなケースは稀《まれ》である。環境中に生育している細菌を、食中毒細菌の専門家に見てもらおうと思っても、「私たちが扱っている細菌はヒトの健康に関わるものだけで、それ以外はわかりません」という答えが返ってくる。環境中の細菌のわかる細菌学者はごく少数だ。だから、浴室などに生息する細菌についても未知の部分は多い。一方、生活の中でカビが問題になるのは、パンや餅などの食品、浴室、洗濯機などの一般環境中に生えたカビである。だから37℃ではなく25℃で培養する。

このように、ヒトが微生物と向き合う場合、初めの培養条件から異なっている。細菌とカビの培養温度の違いは、ヒトと微生物との関わり方の違いと言える。

善玉菌と悪玉菌

カビや細菌、さらに大問題となっているウイルスなどは、生物学では微生物に分類

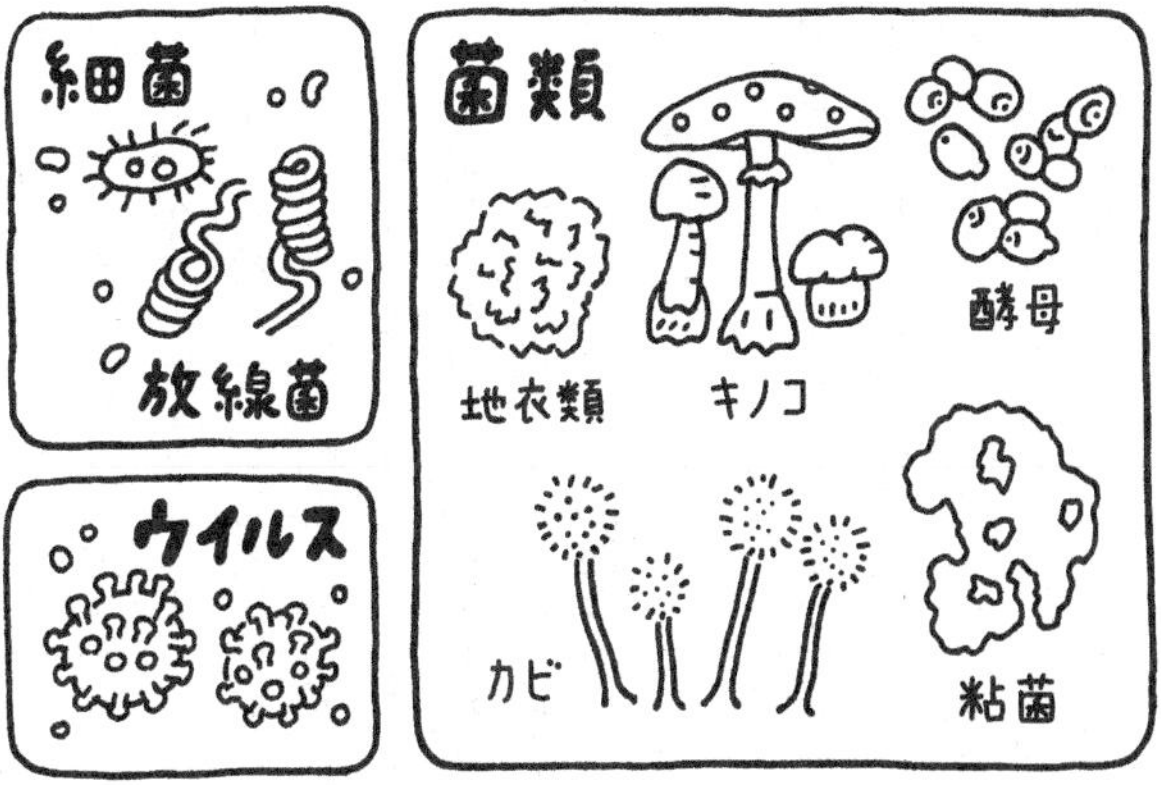

図0-1　微生物の世界

される。その微生物の世界は、大きく「菌類」と「細菌」、さらに生物かどうか微妙な存在である「ウイルス」に分けられる（図０－１）。菌類の細胞と細菌とウイルスでは、大きさがまったく違う。標準的なもので、各々10㎛（ミクロン）、1㎛、0・1㎛と一桁《けた》ずつ異なる。細胞の構造も、菌類はＤＮＡが核に入っているのに対して、細菌のＤＮＡは細胞中に浮遊している。菌類の細胞の構造は、細菌より人間にずっと近い。

本書で取り上げるカビは菌類の仲間だ。菌類の主なものといえば、カビの他に、キノコ、酵母などがある。カビもキノコも酵母も細胞の大きさに大差はない。違いはカビとキノコはともに菌糸からできているが、酵母の細胞は卵状の単細胞で、糸のように繋《つな》がっていないという点だ。菌糸が変化したものなので、酵母は菌類に入れられている。酵母は増殖すると、バラバラの細胞が集まった粘性のある塊になる。中には、生育条件が変わるとカビのように糸状に生えてくるものもある。そのため、実はカビと酵母の区別はあいまいだ。分類学的には、カビと酵母は一体である。

しかし、カビの専門家である私にとって、酵母の種類を同定するのは大の苦手だ。種類を同定する方法がまったく違うからである。カビは胞子などの形に特徴があるので、顕微鏡を覗《のぞ》けばだいたいの種類はわかるが、酵母の種類は観察するだけではわからない。同定にはいくつかの培地での培養が必要なのだ。ただ、カビと違って、食品に酵母が生えていても毒性のあるものはいないので、酵母の種類が決められなくても大きな問題にはならない。

あくまでもヒトの都合だが、微生物の中には善玉と悪玉がある。細菌にも、病原菌を含む代表的な悪玉である一般細菌と、善玉の放線菌がある。放線菌とは、病原菌を退治する抗生物質を作る菌のグループである。また、菌類の中にも善玉と悪玉がいる。悪玉の代表がカビで、善玉の代表が酵母といえる。酵母とカビとで形以上に違うのは、酵母がワインから清酒まで、あらゆる酒造りに使われる点である。ヒトの生活に役立つ菌類が酵母であり、まさに善玉の鑑《かがみ》である。

私は大阪の地方研究所で、カビについて研究し、市民のカビの苦情相談に対応していた。カビは日常生活においては役立たないばかりか、立派な悪玉である。カビがヒトに嫌われていたからこそ、私は幸運にも職を得て生活をすることができた。

カビはどこから?

ところで、身近に生えているカビはどこからやって来たのだろうか?

元来、無数のカビはヒトから遠い存在であったと考えられる。それらのカビは、野外で草や葉を分解して栄養を得ていた。土1g当たりのカビの胞子を数えてみると、100万個あることも珍しくない。そのため、世界にカビは数万種もいると考えられており、未発見の種類も多い。自然界は、実験用の培地とは違って栄養が少ないため、カビは菌糸も胞子もまばらで、細々と健気《けなげ》に生きている。野外で生えているカビの姿は、培養した姿とは大きく異なっている。

そのような野外に、シャンプーや洗剤を栄養にする能力を持つ、ごく少数派のカビがいた。そういったカビは、特性を活《い》かすチャンスもなく、野や山で何とか生き延びていた。ところが、ヒトが浴室でシャンプーを使うようになった頃に、たまたま浴室に侵入して繁殖するようになった。大好物が浴室に出現したからだ。私たちが浴室でよく目にしているのはそんなカビだ。今日の浴室で生息しているカビにとって、そんな好適な環境が作り出されたのは、今から50年ばかり前のことだったと考えられる。

菓子などの食品に生えるカビも野や山ではめったに見られない。自然界には、菓子のような甘い栄養の塊は非常に少ないからだ。私たちの生活に役立つ醬油《しょうゆ》や酒を造るために使うコウジカビも、自然界ではほとんど見られない。これらのカビは、ヒトが品種改良をした栽培品種である。チーズを作るアオカビなども同様だ。

こうして見てくると、今日の私たちが考えるカビが、特殊なカビというのがおわかりいただけると思う。ヒトは野外の厳しい環境から逃れるために、快適な住まいや住まい方を創造してきた。人類が作り出した、栄養豊かで快適な環境に生きる身の回りのカビを見て、私たちはカビのイメージを作り上げている。

地味な存在か、イヤな存在か

私たちが知っているカビは、そういった特殊なカビといえるのだが、皆さんはどんなイメージを持っているだろうか。古い、暗い、湿っぽい、カビ臭い――そういったところだろうか。負のイメージはあるものの、食中毒を起こす細菌ほど怖いイメージはないかもしれないが、そもそも細菌とカビを区別していない、という方も多いかもしれない。カビについて、実際のヒトへの影響や有害性ははっきりしていなかった。

1877（明治10）年に来日し、大森《おおもり》貝塚の発見者としても有名なアメリカ人、エドワード・S・モース氏は、当時の日本人の住まいについて、次のように書いている。

春とか雨が降り続くときとかは、畳は湿気を含んでかび臭くなる。したがって、日当たりのよいときには畳を取り出して、家の前に、トランプ・カードのように並べ立てて干すのである。

（モース『日本人の住まい』）

モース氏の文章からは暗いイメージは受けない。むしろ、本の中でカビの存在は実に地味である。当時の日本人の生活において当たり前の風景であり、カビは日常的に目にするものであり、毛嫌いするほどでもなく、影の薄い存在だったろう。同様に、現代に生きる私たちにとってもカビは当たり前の存在である。建材にカビが生えても、家が傾くわけではない。木製の仏像に生えてもホコリのように見えるだけだ。タタミにカビが生えても、雑巾《ぞうきん》で拭《ふ》けば問題ない。浴室に黒く生えるのもよくあることだ。

とはいえ食品は、冷蔵庫が生活必需品になる50年ほど前までは、カビによる汚染の危険にいつも晒《さら》されていた。干物や煮物やご飯などは、油断していると3日後にはカビが生えてきた。被害は非常に多かっただろう。だが、カビが生えても大したことはないということを経験的に知っていた。以前は、私たちの生活のちょっと気になる悪友ぐらいの存在だった。一方で、生ものを食べると、細菌による食中毒で命を落とすこともあり、カビに比べて細菌は怖い存在だった。

そんなカビが、今日ではとても嫌われているようだ。悪の権化《ごんげ》といったら言い過ぎだろうか。

「間違ってカビの生えたケーキを食べたのですが、救急外来に行った方がいいでしょうか？」

市民の相談窓口にはよくこういった問い合わせが来た。一方で、最近では、同じカビでも善玉のカビを用いた発酵食品が脚光を浴びている。料理雑誌は発酵食品の特集を組み、発酵をうたったレストランも現れた。

このように変化したのは、カビの側ではなく、ヒトの感じ方であろう。カビを気にするようになったからこそ、意外なところで日常生活に影響を与えていることがわかってきた。ヒトに劣らず、カビも逞《たくま》しくしぶとく生きている。そのことに気づき、かつては地味な存在だったカビのことが気になり始めたのである。

本書は私たちの大きな関心を引くようになったさまざまなカビを紹介するとともに、ヒトとの関係にスポットを当ててみた。ヒトはカビに闘いを挑む一方で、手なずけて利用してきた。その歴史と現状を楽しく紹介していこうと思う。

目次

第四章　冷蔵庫・エアコン・洗濯機——家電のカビの今昔

イラスト　飯田裕子／図版作成　フロマージュ／DTP　オノ・エーワン

第一章　食べるカビが大ブーム

中々に人とあらずは酒壺《さかつぼ》に成りにてしかも酒に染みなむ　大伴旅人《おおとものたびと》

東京の大人気熟成料理店にて

東京の目黒《めぐろ》に「Ｋａｂｉ」というレストランがある。本書単行本の原稿執筆中に、担当編集者から紹介されて、いっしょに行ってみることにした。２０１9年の秋のことだ。なんでも、数カ月先まで予約の取れない人気店だという。

駅から15分ほど歩くと、透明なガラスに白い字で〝Ｋａｂｉ〟と書いてあるお店があった。やや薄暗い通りから、ガラスを通して内部の様子が浮き上がるように見える。店名の由来は、「華美」の「はなやか」ではなく、発酵で重要な役割を果たす「カビ」だという。

店のスタッフはいずれも若く、お客さんの方もやはり同世代の若者が多い。1階はカウンターがメインで、そのまわりにテーブル席が少し。20人も入ればいっぱいだろうか。奥の方に個室があり、2階もあるようだ。壁は白く、天井は古い木の板張りで、蠟燭《ろうそく》形の灯《あか》りが周りを照らしていた。

カビの料理とはどんなものなのだろう。カビ研究者として非常に興味を覚えた。

料理の方は、店名を忘れさせる自然な創作懐石料理だった。発酵や熟成を強調するメニューではなかった。まん丸の月に雲のかかった絵柄の陶器の皿に、鮮明な緑の葉ワサビで酢漬けのイワシを巻いた小さな一品が、端の方に鎮座している。まるで風景画のような料理だが、それは水墨画ではなく間違いなく油絵だった。全部で十数品が少しずつ出てくる。

私が最も気に入ったのは、カブの千枚漬けを年輪のように巻いたものに菊の花弁を添え、酒粕《さけかす》とクリームチーズを溶かしたソースをたっぷりかけた料理だった。さっぱりしたお茶漬けのお供ではなく、発酵した野菜のうまみを引き出すために加えた、酸味のあるバター風味がよく効いていた。日本酒よりワインの進む一品だった。

Ｋａｂｉに行く前に、東京の飯田橋《いいだばし》のオフィスビルの9階にある「ＩＮＵＡ」というレストランに行った（2021年3月閉店）。本書の版元が経営しているということで、特別に厨房《ちゅうぼう》の中などを見学させてもらったのだ。ミシュランでは2つ星を獲得している。ヘッドシェフのトーマス・フレベル氏は、新しい熟成料理の旗手だ。

「北欧では発酵を長い冬の食品の備蓄に用いているが、日本の発酵は味覚の宝庫として味に深みを与えている」と彼は言っている。

ここはレストランながら、ラボと呼ばれる料理の実験室が併設されており、そこには28扉もの発酵庫が並んでいる。この中で、麴《こうじ》、味噌《みそ》、ヨーグルト、魚醬《ぎょしょう》、パンプキンビネガーなどのいろいろな素材を使った発酵食品を作っている。発酵食品の最先端の基地といっても過言ではないだろう。例えば、大麦に白麴菌、黄麴菌あるいは黒麴菌を加えることによって味噌を造り、大豆由来ではない自家製の独自の味を創造しようとしているという。

斬新《ざんしん》で美味《おい》しい熟成料理を作るために、素材も固定観念にとらわれず、新しいものを使うのが信条だという。日本の山里に昔から伝わってきたが、今日では伝承する人がいなくなり絶滅しかけている地域特有の食材など、スタッフは食材を求めて日本中を行脚《あんぎゃ》しているそうだ。その一例として紹介してくれたのが、苦味健胃薬として有名なキハダである。実をスパイスとして用いるのだ。山椒《さんしょう》と同じミカン科のせいか、乾燥させたその実は小さくて、香りがよく、口に入れた時にパンチのある辛みが爆発した。

熟成肉に生えるカビ

ＫａｂｉやＩＮＵＡに代表されるように、料理の世界では発酵がブームだという。「料理通信」という雑誌では、２０１９年５月号で「世界が夢中！ 発酵レッスン」と題して特集をした。魚や野菜、キノコなど、素材のよいものを、新鮮なままいただくのではない。いろいろな食材に手間と時間をかけて、熟成させて美味しくいただくのである。ちなみに、発酵は微生物の酵素による分解作用であるのに対して、熟成の方は主に食材自体に含まれる酵素による分解作用によって美味しさが増す。

さらに、ヒラメやスズキなどの魚もコリコリした新鮮なものより、冷蔵庫で３日程度寝かすことで熟成させることができる。うまみ成分であるイノシン酸を増加させるという。季節の野菜やプチトマト、白菜まで熟成させる。熟成ジャガイモというものもある。

食品の熟成は、主に内部から外部へと進む。動物でも植物でも、体内に含まれるタンパク質が自己消化酵素によって分解されてアミノ酸になる。うまみ成分が増加するのだ。一方、発酵は一般的に外部から内部へ進む。たとえば漬物は長期の保存により、漬物に付着している微生物、つまり細菌、カビ、酵母の成長と代謝によって、ゆっくりと発酵が進んでいく。

10年ほど前から熟成肉ブームが始まった。乳牛であるホルスタインの肉が、熟成によって味わいを増すことがわかったからである。この熟成肉は米国で発明された方法で、ドライエージング（＝ドライ）と呼ばれている。0〜4℃に設定した冷蔵庫内に風を送りながら数週間放置して、牛肉を乾燥熟成させる。

ドライエージングは、以前行われていた「枝枯れ」に似ている。と畜した直後の肉は、死後硬直によって硬くなる。それを枝肉のまま冷蔵庫内に数日間放置すると、自己消化して軟らかくなるのだ。この手法を枝枯れという。ドライエージングがこれと違うところは、風を送って乾燥を促進させることと、その放置期間が米国では20日前後、日本では40日余りと長いことである。こうして、自己消化をさらに進めると、アミノ酸が4倍に増加しうまみが増す。これだけ長期間だと、肉の表面に細菌や酵母やカビなどが生えるが、このような微生物の代謝作用も肉の軟化に寄与していることがわかっている。また、熟成肉の特徴は腐敗臭がないことだ。ドライエージングビーフはココナッツに近い香りがするという。強烈なものではないが、特有の香りは多くの肉に共通しているようだ。

風の当て方や微生物の生育状況は、製造者によって大きく異なる。風を強く当てると、肉の表面からの水分の蒸発量が多くなる。肉内部の水分が減るので、味はしまったものになるが、重量が目減りしてしまう。一方、弱く当てると重量の目減りは少ないが、微生物の発生は多くなる。その匙《さじ》加減が重要だ。

熟成肉によく生えるカビとして知られているのは、エダケカビだ。冷蔵保存した食品によく発生するが、このカビはうまみに関与しているようだ。19世紀の初期にヨーロッパですでに報告されており、人類にとっても古くから馴染《なじ》みのあるカビといえるだろう。エダケカビは毒性も知られていないために、他のカビが熟成肉につかないように、このカビをあらかじめ付着させる製造者もいる。熟成肉専門店のショウウィンドウには、ドライエージング中の枝肉をしばしば展示してある。あばら骨のところを目を凝らして見ると、ケカビ類の特徴である綿状の長い菌糸が見える。

発酵食品の起源

話を発酵食品に戻そう。

発酵食品はなぜ生まれたのだろうか。その多くは、保存食品から生まれたと考えられる。食品を保存するには、その腐敗を抑えねばならない。腐敗したものを食べると命を落とすことさえあることを、古代の人たちもよく知っていた。腐敗の原因になる微生物を生やさないように、育ちにくい環境にさえすれば食品の保存が可能になる。その方策として、乾燥、塩漬け、さらには酢漬けなどが行われてきた。しかし、それによって微生物の成長を完全に抑えられるわけではない。抑えられない微生物の生育を逆にうまく利用して、美味しい食品に仕上げたのが発酵食品だ。

例えば、白菜などの野菜は、そのまま貯蔵しても多くの微生物が発生して腐敗する。しかし、壺《つぼ》に入れてぬか漬けにして、5～6％の塩分を加えておくと、白菜に付着していた乳酸菌という細菌が増殖する。このように酸素を制限して保存すると、乳酸菌によって酸味が出る。酸性になると雑菌の成長が抑えられるから、野菜の長期間の保存が可能になるのだ。

ヨーロッパでは、ブドウを潰《つぶ》して保管し、ワインとして長期保存してきた。ミルクも、生乳に乳酸菌を加えるとヨーグルトができ、固まると腐りにくくなる。さらにフレッシュチーズにまで加工すると、貴重な保存食品になる。

元々、保存の技術から派生した発酵食品だが、保存から独立し、アルコールやうまみを作りだす食品も誕生した。日本では重要な食料である米や大豆から清酒、味噌、醤油《しょうゆ》が生まれ、ヨーロッパでも、大麦や牛乳から、ビール、ウイスキー、熟成チーズが生まれた。

前述のように腐敗は怖いが、微生物学的に発酵と腐敗の区別はない。食品の製造に役立つのは発酵で、ヒトにとって迷惑なものが腐敗だ。

発酵食品は微生物の成長や代謝を利用して製造する。そのなかには微生物の一つであるカビを用いたものもある。表1-1に挙げた。アジアでは多くの発酵食品の製造

製品	カビの属名	利用カビ	主な作用
泡盛	アスペルギルス	Aアワモリ	デンプンの分解作用
清酒	アスペルギルス	Aオリゼー	デンプンの分解作用
老酒	リゾプス	クモノスカビ	デンプンの分解作用
醤油	アスペルギルス	Aオリゼー	タンパク質の分解作用
味噌	アスペルギルス	Aオリゼー	タンパク質の分解作用
白カビ系チーズ	ペニシリウム	Pカマンベルティ	タンパク質の分解作用
青カビ系チーズ	ペニシリウム	Pロックフォルティ	脂肪の分解作用
テンペ	リゾプス	クモノスカビ	タンパク質の分解作用
オンチョム	ノイロスポラ	アカパンカビ	タンパク質の分解作用
鰹節	ユーロチウム	カワキコウジカビ	タンパク質の分解作用

表1-1　発酵食品の製造に用いるカビ

にカビを使用しているが、その原料の多くは穀物や豆類だ。また、アジアでコウジカビ属やクモノスカビ属のカビを利用するのに対して、ヨーロッパではアオカビ属のカビを利用する。気温と関係しているのだろう。コウジカビ属は、アオカビ属より高温でよく育つ傾向がある。

発酵の中で、清酒、醤油、味噌などの製造を行うことを醸造という。醸造を支えるカビの代表がアスペルギルス（A）オリゼー（表1－1）で、デンプンやタンパク質を分解する能力を持つ。ただし用途によって、使用するAオリゼーの性質が異なる。例えば清酒には、デンプンからブドウ糖に分解するために、デンプン分解能の優れた系統を用いている。醤油などの場合は、耐塩性と共に、タンパク質分解能の優れた系統を使っている。鰹節《かつおぶし》では、カワキコウジカビを用いる。カツオの荒節をアミノ酸やイノシン酸に分解して、うまみ成分を作り出してくれる。

「醤油や鰹節などの発酵食品のカビは健康上問題がないのか」という質問がよくある。「カビは悪役である」との意識がいかに定着しているかを物語っていると私は感じる。それに対して、ワインの酵母についてはこのような質問をされたことがない。健康影響についての質問に対する答えのポイントは2つある。カビであればどれでも発酵に使用できるわけではなく、特定の種類のカビを使用していることと、発酵食品はこれまで多くの人々が長年にわたって食べ続けてきたものであることだ。昔から食べ続けられている伝統食品は、安全性が証明されているといえるだろう。

貴重な貴腐ワインを作るカビ

世界で最も生活に役立つ菌類は、アルコール発酵に用いる酵母であろう。酵母はカビの仲間でもあるのだが、そう思っている人はあまりいないだろう。とにかく活躍度では微生物の中で群を抜く。ブドウからワインのできる反応が、酵母を使った最も古典的なアルコール発酵である。

ブドウの果実の表面には、他の果実より多くの野生の酵母が付着している。ブドウを収穫してそのまま放置しておけば腐敗するが、偶然つぶれて果汁が出てくると、酵母の働きでアルコール発酵が起き、美味しいワインができる。古代人はこれを経験的に知るようになり、ワインを飲む習慣ができた。また、自宅でも実際に発酵過程を確かめることができる。ブドウの果実を搾った汁を器に入れておくと、ブドウの主成分である果糖やブドウ糖が分解されて、二酸化炭素の泡が出てきてアルコールになっていく。このときに活躍しているのはサッカロミセス（S）セレビシエという酵母だ。

ワインでも甘口、辛口といろいろな味わいのものがある。

私が子どもの頃に父親にもらって飲んだ赤玉ポートワインはとても甘かった。飲みやすくするため、ワインに甘味料を添加していたという。大人になってワインを飲んだ時、甘さがなく驚いたものだ。それ以降、ワインは甘くないものだと思い込むようになった。そして、中年になって米国に行き、品評会で優秀賞をもらったというカリフォルニアワインを飲んだのだが、これは甘かった。アルコール発酵を途中で止めて甘みを残してあるという。

ヨーロッパには、貴腐ワインという、稀《まれ》にしか作れない超甘口の高級ワインがある。このワイン作りには、ハイイロカビ（ボトリティス）が関与している。枝に実っている完熟したブドウにこのカビが生えると、果皮が分解されて隙間ができる。そこから果実の水分が蒸発して、糖分濃度が上昇する。このカビの生えたブドウの収穫をできるだけ遅らせ、時間をかけて発酵させてできるのが甘い貴腐ワインだ。

古代ギリシャ人などはワインにハチミツを加えて甘くして飲むこともあったようだ。甘いワインの伝統も、製造法は異なるが古代から受け継がれている。

ビールの起源

次にビールについて見てみよう。

乾燥した気候のため、麦類の栽培が難しかったギリシャやローマでは、ワインがアルコール飲料の主役だった。一方、北ヨーロッパに住むゲルマン人などは、寒冷地でも育ついろいろな麦類によってビールを作った。ビールやウイスキーなどのアルコールを作るには、麦のデンプンをブドウ糖に分解する「糖化」という過程を経なければならない。中世になって、彼らはビールを作るために大麦を発芽させた麦芽を使って糖化を行った。穀物の中では、大麦の麦芽が糖化酵素の活性が特に高いからである。

日本でも古代からデンプンの分解に麦芽が使われてきた。モチ米などのデンプンに麦芽を加えると甘い水あめができる。私が子どもの頃は、おやつとしてよく水あめを舐《な》めた。素朴な甘さが懐かしい。

ビールの製造に関して法律が整備されたのは1516年、バイエルンの「ビール純粋令」においてである。ビールの原料を大麦麦芽と苦味健胃薬であるホップと水だけとすると定めた。当時は、酵母の役割が十分理解されておらず、酵母は原料リストに入っていなかった。19世紀になってようやく、酵母がビール作りに重要であることが知られるようになり、リストに加えられた。

「ビールは非常に湿ったパンである」という諺《ことわざ》をご存じだろうか。それほどビール作りとパン作りは関係が深い。ともに、麦類と酵母を原料にしている点は見逃せない。18世紀にはビール醸造用の酵母をパン生地に加えることもあった。パン屋さんが醸造所の隣にあることが多かったという。使用する酵母はSセレビシエという、ビールやワインに使われるのと同じ種類だった。ちなみに、セルベッサはスペイン語でビールの意味である。

なお、日本のパンの歴史は、菓子パンとともに始まる。1874（明治7）年に東京・銀座の木村屋が、醸造用の酵母を使ってアンパンを作って売り出した。翌年に、花見で明治天皇に桜アンパンを献上したのをきっかけに、大ブームが巻き起こった。当時は、パン酵母の匂いを嫌う人が多かったために、日本人に馴染みのある酒造り用の酵母を用いたのである。

現在、世界で最もポピュラーなビールの種類はラガーである。ラガーとは、ドイツ語で「貯蔵」という意味だ。バイエルンで、夏にビールを低温に保つために、洞窟《どうくつ》に貯蔵したことに由来している。日本では今でこそ、エールやスタウトなど、さまざまな種類のビールがあるが、つい最近まで、主要なビールはいずれもラガーだった。それ以外のビールのあることを知らない日本人は今でも多い。だから、たとえばロンドンのパブに行って「ビールください」と注文しても、いつまで経っても注文の品は出てこないだろう。ビールはあくまでも総称だから、「ラガー」や「エール」などと言う必要がある。

麹はコウジカビを繁殖させてできる

清酒の醸造でも酵母が大活躍している。米の主成分であるデンプンを、カビを使ってブドウ糖に分解し、その後を酵母に任せている。酒では、デンプンからの糖化とアルコール発酵を同時に行う。日本の風土と伝統の産物である米コウジ（麹）は、蒸した米に特定の系統のコウジカビを繁殖させて作る。それに、繁殖させた酵母と乳酸菌を加えて発酵させると酒になる。よい酒を造るには、良質の酵母を多く培養することも重要だ。伝統的に酒造りが冬に行われたのは、醸造に使う微生物の温度管理が容易であったためであろう。

酒造りにカビを使う技術は中国から学んだが、清酒や焼酎《しょうちゅう》を造るのにコウジカビを使うのは日本だけである。中国などではクモノスカビを使っている。日本醸造学会などは、コウジカビを日本の「国菌」と呼んでいる（図1-1）。清酒のユニークさは

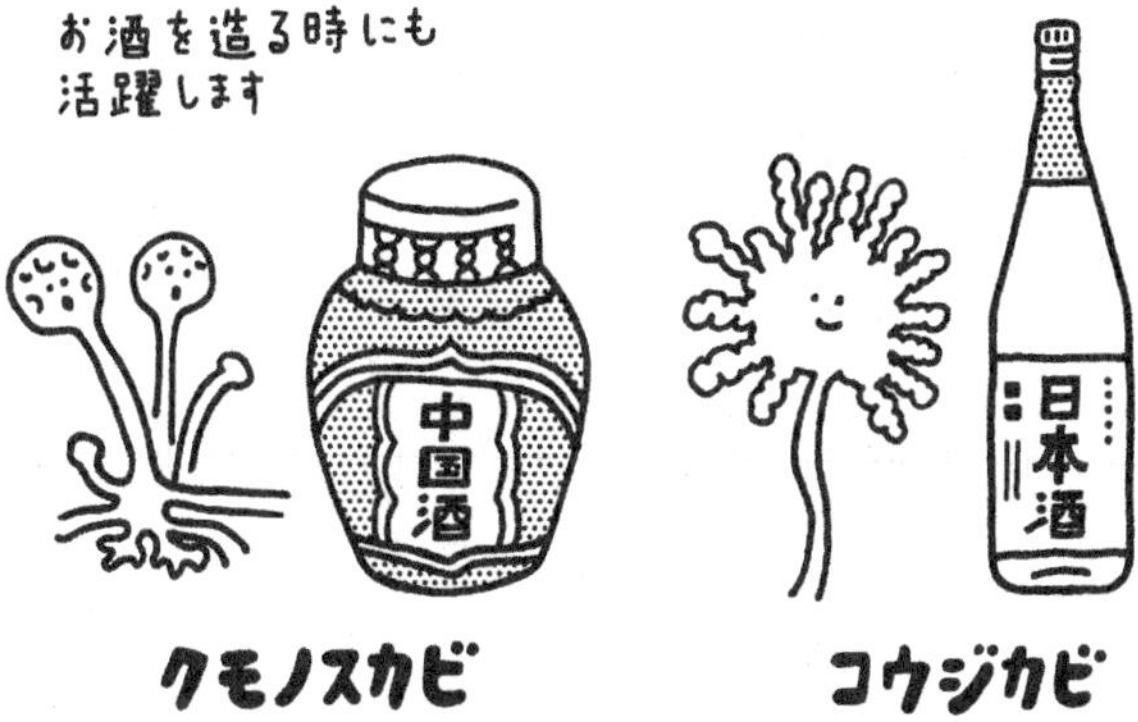

図1-1　日本の国菌・コウジカビと、中国での酒造りなどに使われるクモノスカビ

用いるカビの種類ばかりではない。カビの代謝産物が味の深みに影響を与えていることだ。カビが生み出す主なうまみ成分は、昆布などに多いグルタミン酸とアスパラガスに多いアスパラギン酸である。その他、貝類に多い有機酸であるコハク酸も生産され、コクのある酸味に関与している。

江戸時代には、酒どころの多くが米酢の名産地になった。米酢造りと酒造りの工程が非常に近いからだ。料理に広く使われている米酢は、蒸した米と米麹を混ぜて糖化させてから、アルコール発酵させる。ここまでは酒造りと同じだ。そこに種酢として酢酸菌を加えて酢酸発酵させ、熟成させたものが米酢である。米酢には酸味以外に、コウジカビの作り出す多くのうまみ成分が含まれている。なお、酢を意味するビネガーという単語は、フランス語の酢酸発酵によって酸っぱくなったワインに由来している。

ここまで見てきたように、アルコールの製造工程ではカビや酵母が大活躍している。では食品加工ではどうだろうか。

アルコール飲料と同様に、食品加工に利用するカビの種類は非常に限られている。有用なカビは、身の回りに生息している多くのカビの中で特定の目的で選抜されたものので、クモノスカビ、コウジカビ、アオカビが知られている。いずれも成長が速く、栄養源の多い環境中によく見られる。原料であるデンプンやタンパク質を分解する能力も高い。それらのカビを植え付けて、生育環境を最適にするよう細心の注意を払いながら栽培を行う。

なかでもクモノスカビは高さが3㎝にもなる大きなカビで、成長が速く、その分解力は傑出している。綿のようなコロニー（集落）は、一晩でショートケーキのイチゴを覆ってしまう。室内や畑などでよく見られるが、野や山では少ない。人の生活に寄り添って生きているカビだ。

一方、先ほどから紹介しているコウジカビだが、起源は保存している間に籾《もみ》に発生したカビと考えるのが自然だろう。刈り取り前の稲の穂や葉などには、コウジカビはあまり付着していない。私たちの祖先は、米に付着したこのカビからコウジをつくるようになったのだろう。また、昔のコウジにはコウジカビ以外の雑菌も混じっていた。できるだけ雑菌を減らして味を安定させるために、ナラやクヌギなどの木の灰が用いられた。蒸し米に灰をかけてコウジを作ると、コウジカビはよく生えるが、アルカリ性に弱い多くの雑菌は生えないからだ。

清酒や醬油に使われているコウジカビはAオリゼーだが、美味しい食品を生み出す菌株を作るために、多くの人々によってAオリゼーの品種改良が行われてきた。Aオリゼーは栽培種なので、醸造工場の内部や周辺で見られるだけで、野生株は知られていない。

優れた菌株ができると、いかにその株を保持するかが問題になる。江戸中期には、良質のコウジの菌株である種麴を独占的に扱う麴屋さんが京都の町に出現し、全国に拡がった。麴町という名称の町が各地の城下町に現れた。そして、優れた分解能を利用するため、特定の株を保持し使用するようになった。今日では大切な菌株の性質が変化しないように、菌株の凍結乾燥などを行っている。

醬油とカビ

清酒と同様に、醬油は製造にコウジカビを用いる。醬油の原形である醬《ひしお》は、いわゆる発酵調味料であり、中国から伝わって平安《へいあん》時代に広く普及した。その後、日本独自の製法が発達した。大豆を茹《ゆ》でたり蒸したりした後、煎《い》った小麦と種麹を混ぜておくと、コウジカビが繁殖して醤油コウジができる。醤油コウジにはタンパク質分解酵素が多く含まれ、うまみの素《もと》であるアミノ酸類を多く蓄える。醤油コウジができたら、桶《おけ》の中で食塩と水を加える。この段階で、コウジに付いている酵母と細菌である乳酸菌が繁殖して、両者の共同作業で発酵が起き、熟成によって深い味わいの醤油が作り出される。

味噌はどうだろうか。味噌の語源は「未醤《みしょう》」であり、未《いま》だ醤油にならない一歩手前の固形物ということだ。大豆とコウジを食塩と共に固い状態で発酵させたものである。今日では味噌も醤油も多くの調味料の一つと思われているが、1950年代までの農村ではむしろ重要なタンパク源であり、かつ、うまみの素であった。

私は愛知県で生まれ育ったが、子どもの頃、たまり醤油を「たまり」と呼んでいた。たまり醤油は、豆みそを造る過程でしみ出して醸造桶に溜《た》まっていたことに由来し、御用聞きのお兄さんが運んできてくれた。原料は大豆100%なので、タンパク質量が多く、とろみや濃厚なうまみが特徴だ。今も刺身や寿司《すし》などで使われている。

大豆を用いた発酵食品にはもう一つ仲間がいる。納豆だ。塩を加えず大豆を発酵させると納豆になる。納豆菌という細菌が多く付着する稲わらで、煮た大豆を包んで発酵させれば、糸引き納豆ができる。また、クモノスカビが多くついているバナナなどの葉で、煮た大豆を包んで発酵させれば、テンペができる。テンペはインドネシア特産のいわゆる乾燥納豆だ。私が食べた限りでは、匂いは納豆ほどではなく、味は淡白でくせがなくて美味しかった。納豆は納豆菌、テンペはクモノスカビと違いはあるが、発酵食品である納豆作りでは、カビと細菌が同じような役割をしていることがわかる。

発酵食品と匂い

発酵食品に匂いは付きものだ。納豆の匂いはいうまでもないが、ヨーグルトや醤油、チーズなどの匂いは特徴的だ。

食べ物の匂いは私たちの食欲をそそり、匂いを嗅《か》ぐだけで唾《つば》が溜まってくることもある。発酵食品の強い匂いはその最たるものだ。匂いの強い発酵食品として思い浮かぶのがブルーチーズではないだろうか。私も慣れるまではブルーチーズの匂いが苦手だったが、今日ではブルーチーズと聞くだけで、どんな匂いで味だろうかと涎《よだれ》がでてくる。発酵食品の匂いは食べる人に対して強烈なインパクトを与える。

「ヨーロッパでは、チーズは味だけではなく、香りも実に多彩だ」と、ドイツに留学していた友人から聞いたことがある。上等なチーズやソーセージが手に入ったと、大学の同僚のホームパーティーにしばしば招待されたそうだ。美味しいチーズはそれだけでご馳走《ちそう》で、ワインとともに楽しむ。そして、チーズなどについて蘊蓄《うんちく》を披露する。

ドイツでは、食料品店でソーセージやハムとともに、スイスやフランスから輸入されたいろいろなチーズなどが大量に売られている。同じ発酵食品でも、日本の大豆などの植物性のものとは、味も香りも随分異なる。一方で、うまみ成分については共通している。食材のイメージはまったく異なるが、昆布の代表的なうまみ成分であるグルタミン酸を、チーズは非常に多く含んでいるのだ。そう考えると、ヨーロッパ人の美味しさへのこだわりも頷《うなず》ける。

10年余り前、まだ小学生だった娘をパリに連れていく機会があった。その旅で、チーズ専門店に立ち寄ったことがある。娘は店に入るや否や、鼻を押さえていやな顔をした。店員はそんな娘を見つけて、顔を見合わせて楽しそうに笑った。私にとってもあまり経験したことのない強い匂いだった。空間を支配するほどの匂いが、発酵食品の大きな特徴である。

同様の雰囲気はチーズ専門店だけではない。市場の乳製品売り場には、ハム、ソーセージ、ベーコン、チーズ、サラミなどが店の一角に一杯に吊《つ》り下げられ、あるいは雑然と並べられていた。なんとなく暗く陰気だったが、古いヨーロッパの街角の雰囲気を満喫できる。この匂いは日本の昔の乾物屋さんとどことなく似ている。そんな中で、白っぽい表面のサラミが私の眼を引いた。サラミはイタリアで発明されたいわゆる乾燥ソーセージである。よく見ると綿毛で包まれているように見える。これは、高浸透圧条件で生育するアオカビである。このカビが繁殖して表面を覆うと、他のカビによって汚染される被害から逃れることができる。

発酵学者の小泉武夫《こいずみたけお》氏は、「発酵食は人間の臭いである」と言っている。くさやや納豆、鮒《ふな》ずしなどの臭いは、『無精香』という臭いに近く、汗をかいたまま放っておいたときや、靴下を長い間履いたままのときの臭いだという。ずいぶん過激な発言だと感じるが、なるほどと思う人も多いだろう。微生物によって作られる発酵臭は発酵食品の美味しさの一部であり、好き嫌いが明確に分かれるのは当然かもしれない。それにしても、ヒトの味覚は摩訶《まか》不思議である。

酥と醍醐

ヨーロッパの人々はチーズへ深いこだわりがあるが、日本でも、奈良《なら》時代の上流貴族は、牛乳を飲み乳製品を食したことが知られている。奈良時代には、輸入された牛が朝廷で飼育され、雌は酪農用に、力のある雄はもっぱら車を曳《ひ》くのに使われていた。これが平安時代の牛車《ぎっしゃ》に繋《つな》がっていく。

上流貴族が食していたのは、ヨーグルト状の乳製品ではなく、無発酵の乳製品である酥《そ》や醍醐《だいご》だ。発酵しないチーズとでも言えばいいだろうか。醍醐は酥から作られた。濃厚で甘みのある最上の乳製品である。ちなみに、醍醐は素晴らしさを表現する「醍醐味」という言葉の語源である。

奈良県橿原《かしはら》市で奈良時代の「蘇《そ》」を再現して売っている店があると聞き、行ってみた。近鉄橿原神宮前《きんてつかしはらじんぐうまえ》駅からコミュニティバスで10分ばかり、南浦《みなみうら》町というバス停の近く、黒い屋根の小さいお店だ。ソフトクリームとともに、蘇が売られていた。無添加の製品なのでとても傷みやすく、購入するには予約が必要だという。固形分は70%、乳脂肪は16%以上である。

製法はとてもシンプルだ。自家牧場産の搾りたての生乳を、ゆっくりと時間をかけて煮詰めて、それを固めていく。木のヘラで鍋底《なべぞこ》からゆっくりかき混ぜながら、加熱しつつ2時間程度煮詰め、原料乳を50%程度にまで濃縮する。それを一晩冷やすと、上部に凝固層ができる。これを再び加熱すると、芳香のあるクリーム状の固形物ができるそうだ。原料乳からできるのは10%以下の収率の製品で、色は黄褐色であった。

塊の切れ端を爪楊枝《つまようじ》でとってみると、練乳臭がする。口に含むと、素朴なミルクの味が広がった。喩《たと》えるならミルクキャラメルとでも言おうか。甘みもほんのりあって、実に微妙な味わいだ。賞味期限は冷蔵保存で7日間。乳酸菌を使って発酵させたものではないので、酸っぱさはまったくない。現代によみがえった蘇を食べながら、奈良時代の人々はこのミルク味を味わうために蘇を作ったのでは、と想像した。保存のためだけでなく、珍味として特別の儀式や祝いのために作られたのだろう。

醍醐は酥から作られることは確かだが、実際にどのようなものだったのかは今もよくわからない。醍醐の再現に取り組んだ帯広《おびひろ》畜産大学の有賀秀子氏は、前述の市販の「蘇」と似た製法で、粗脂肪（＝脂肪状物質）が約30％と多い「酥」を作り出した。それは、幼い日の母乳の思い出を連想させるものだったという。そして固化した酥の表面に溝を付けて、40℃前後の温度下に放置すると、溝の周辺にオイル状の物質が遊離していた。これが醍醐であろうと有賀氏は考えている。生乳の約２％の収率で、粗脂肪99・６％の非常に純度の高いバターオイルのようだったという。

こうして見てくると、謎の多い奈良時代の醍醐味の中に、超希少な乳製品への憧《あこが》れを感じずにはいられない。

チーズ作りとカビ

ミルクの利用が始まったのは中央アジアで、紀元前7000年ぐらいのことと言われている。家畜化されたヤギやヒツジ、さらにウシのミルクは栄養豊富だが傷みやすい。保存のために、ミルクから乳製品が作られるようになった。ヨーグルトやバターの他、凝固させたフレッシュチーズが作られるようになった（表1－2）。その後も今日まで変わることなく、多くの乳製品の製造に微生物の発酵作用が利用されている。中世（700年代）以降、ヨーロッパ人は傷みやすいフレッシュチーズを、より保存

名称	特徴
牛乳	ウシの生乳を原料にしたもの 普通、低温殺菌されて商品化
バター	生乳から分離した脂肪球を固めたもの 乳脂肪分80%以上
クリーム	生乳から分離した水溶性脂肪 乳脂肪分18%以上
ヨーグルト	乳酸菌の作る乳酸によって凝固 腐敗しやすい
フレッシュチーズ	酵素で凝固させた未熟成チーズ やや腐敗しやすい
ナチュラルチーズ （セミハード、ハード）	熟成させたチーズ 乳酸菌やカビは生きている
プロセスチーズ	ナチュラルチーズを加熱殺菌したもの 長期保存が可能

表1-2　乳製品のいろいろ

のきく熟成チーズへと発展させた。ヨーロッパで愛好されてきたチーズの製造は、主に乳酸菌という細菌に担われているが、カビの発酵作用を利用しているチーズも多く、白カビ系と青カビ系がある（表1－1）。どちらのカビもアオカビ属に含まれ、乳酸菌にない個性を発揮している。ほとんどのアオカビの胞子は緑色か青色であるが、白カビ系チーズのカビはペニシリウム（P）カマンベルティで、アオカビ属では珍しく胞子の色が白い。

白カビ系や青カビ系のチーズにも多くの種類があり、味も大きく異なる。前者では、ブリー、カマンベール、ヌフシャテル、後者では、ゴルゴンゾーラ、ロックフォール、ブルーなどが知られている。いずれのチーズも、切った塊をデパートなどで買うことができる。

カビを利用して作る白カビ系も青カビ系も、元来はチーズに生えたカビをヒントに、製造に用いるようになったと考えられる。前者のPカマンベルティは発酵過程のチーズのカード（凝乳の塊）の表面に、後者の青カビ（Pロックフォルティ）はカードのひび割れした隙間に生えたことだろう。この2種類のカビは、後ほど述べるように、温湿度条件などの生態的性質がかなり異なる。

白カビ系、青カビ系のいずれのチーズも、その製造に関与するカビは今日では各々1種類である。Pカマンベルティは、チーズ工場などで見られるだけで、自然界に自生する野生株は絶滅したようだ。ゆえに、その株を入手したい場合は、自宅の冷蔵庫に入れてある白カビ系チーズから分離を試みるのがよい。このカビは培養すると白いドーム状になる。一方、青カビ系チーズのPロックフォルティは生活環境中に一般的に見られる。冷蔵庫での成長が他のカビに比べて速く、冷蔵食品の代表的な汚染カビでもある。このような普通種の特定の菌株が、青カビ系チーズの熟成に使われているのだ。

白カビ系チーズ作りは、採乳して乳酸菌による発酵の始まったウシ乳を、凝乳酵素

（レンネット）で固めることから始まる。できた固形物に食塩を加えて、さらに乳酸発酵させるとともに、Ｐカマンベルティの胞子を植え付ける。温度が10〜14℃、湿度が65〜80％に制御された環境条件で発酵と熟成を行う。チーズの表面に発生したＰカマンベルティの白い菌体は、強力なタンパク質分解酵素を分泌する。ミルクのタンパク質の主成分であるカゼインを栄養にしながら、発酵と熟成が外側から内側へと進むと、軟らかい白カビ系チーズになる。

白カビ系の代表格であるカマンベールチーズは、18世紀以前にフランスのノルマンディー地方のカマンベール村で発明された。ただ、カマンベールチーズの色は、19世紀までは必ずしも白くなかったという。部分的に青色や灰色で、褐色や赤色の斑点《はんてん》の見られるものもあった。そして、フランスの代表的なブランドになった１９２０年代でも、白というのはあくまでも相対的な色であり、表面には褐色の斑点も大なり小なり見られた。伝統的方法では、複数のカビがどうしても混じってしまうのだ。

真っ白なカマンベールチーズができたのは20世紀後半になってからである。発酵に詳しいパスツール研究所などが、微生物に関する新しい技術や知識を酪農家に提供したのである。カビを純粋培養する技術を利用して、Ｐカマンベルティの特定の株だけをカビ付けすることに成功した。さらに、チーズの熟成室も、特定の種類だけにするために新たに作られた。これまでの自然の営みを十分に活《い》かす製造法に、実験室で行うような微生物学の手法を加味して、次世代のカマンベールチーズ作りを試みたのである。

一方で、味の方は、複数のカビの混じった昔のチーズの方が美味しいとの意見も根強かったようだ。技術改良の流れを後押ししたのは、消費者だった。カマンベールチーズが次第に白いものになっていくにつれて、白いのが当たり前と思われるようになり、その結果、表面が部分的に青色などになっていると苦情の対象になった。

なお、ヤギの乳で作ったシェーヴル系などの白カビ系でないナチュラルチーズの表面にも、白っぽいカビがよく生えている。どんなカビか、私が調べたところ、ゲオトリクムという乳製品によく生える白いカビだった。味落ちの原因になるカビではなく、無毒である。チーズとカビは親しい関係にある。

一方で、アオカビ属のカビはカビ臭の強いものが多い。Pロックフォルティは強力な脂肪分解酵素を分泌し、特有の刺激性のある揮発性成分を生産し、ユニークな風味を生み出す。すなわち、チーズ臭に勝るような1−オクテン−3−オールという、カビ臭にも、マツタケ臭にも似た成分を生産する。日本人にとっても慣れれば好きになる匂いなのだろう。今や、日本のデパートの食料品売り場にも定着しており、より取り見取りいくつもの種類が売られている。また、居酒屋のメニューにもあるほど一般的になった。

青カビ系チーズを熟成させる工程の大きな特徴は、表面に食塩を3～4％と多めに添加する点だ。添加によって、塩分に弱い雑菌の汚染を抑制する。このチーズの製造の過程で、内部にPロックフォルティを生育させるため、直径2～3㎜の針を突き通してチーズに穴を開ける。穴に侵入したカビのおかげで、大理石のような青い筋の模様が入る。カビが成長すると、チーズの辛さの原因である脂肪酸の量が増加する。カビが過度に成長しないようにその穴をふさいで空気の流通を抑え、チーズの熟成を促すように試みる。このようにアオカビの生育を自由自在に操ることによって、伝統的な青カビ系チーズを作り上げているのだ。

青カビ系チーズ作りのもう一つの特徴は、熟成させる時の環境条件である。年中6～9℃で、湿度は95～98％である。冷蔵庫並みに低温で、非常に湿った生育環境だ。とりわけ、青カビ系のロックフォールというチーズの場合には、無殺菌の羊乳を用い、フランス・アヴァロン県のロックフォール・シュル・スールゾン村の、巨大な石灰岩の洞窟で熟成される。なお、工業製品に慣らされた私たちには意外だが、ロックフォールの製造期間はヒツジの出産の始まる11月から7月までと限定されている。ロックチーズはヒトの英知の塊であるが、自然の恵みの上に成り立っていることを改めて思い出させてくれる。

チーズと伝統

最後に余談を一つ。

フランスには優れた農作物を守る目的でＡＯＰ（原産地呼称統制）という認可制度がある。ＡＯＰに認可された農作物はワインが最も多く、酪農品ではチーズの他にバターとクリームがある。ＡＯＰチーズは全熟成チーズの約15％を占める。同様の制度はＥＵの他、アメリカやオーストラリアなどにもある。

ＡＯＰはその品質に関わる多くの要素を規定している。原料乳やその産地、製造地域や製造方法、また熟成地域や熟成期間などが決められている。さらには、形や重量、乳脂肪分などの規定まである。ＡＯＰ認可制度は、人々の製品へのこだわりを示すと共に、各地方の伝統的製法で作られるチーズの保護にも役立っている。

ヨーロッパで製造され、消費されるチーズの多くはナチュラルチーズだ（表1－2）。ナチュラルチーズとは加熱処理をしていないチーズを指す。私たちが購入して消費する時も内部の乳酸菌やカビは生きており、製造に用いている細菌やカビを分離することができる。また、チーズを冷蔵庫に入れておいても発酵は少しずつ進み、味は変化していく。

ナチュラルチーズの伝統的な製法の特徴の一つは、無殺菌乳を使用することである。

一方の日本では、低温殺菌した生乳を使っている。これは、生乳にリステリア菌という食中毒の原因菌が含まれていることがあるためだ。伝統的なヨーロッパの製法では、今日でも低温殺菌をしない。殺菌しなくても、チーズを熟成する過程で、これらの雑菌が除かれると判断しているからだ。

ヨーロッパのチーズ作りで、中世以降の伝統的な製法が維持されるのは、何よりも製品の味が重視されているからだろう。伝統的な製法で作る方が美味しいのだ。限定された原産地の牧草の賜物《たまもの》である生乳は、すぐ加工しなければ雑菌が増える。工程も多様なので、味は必然的に個性豊かになる。個人製造所などの小規模な施設でチーズを製造せざるを得ないが、実際にフランスの個人農場で生乳から自家製で作られるチーズは、AOP認可の生産量の約8％を占めている。伝統的なチーズ作りには中世のヨーロッパが息づいている。

日本でチーズの本格的な生産が始まったのが昭和初期で、主にプロセスチーズが生産された（表1－2）。プロセスチーズとは、高温多湿な日本で長期間保存するために、ナチュラルチーズに乳化剤を入れて加熱殺菌したものである。日本のチーズの消費は、ピザの流行などで近年増加しているが、現在でもその消費量の約半分はプロセスチーズである。学校給食でも変質などの被害を避けるため、プロセスチーズが使用されている。

発酵食品は民族の伝統の賜物だ。主役である微生物は見えず、科学的原理は不明であったにもかかわらず、その製造技術は合理的である。先人の知恵に感謝しながら、美味しい発酵食品をゆっくり味わいたいものだ。

第二章　カビの正体

森の中の微生物

「はじめに」でもお伝えしたように、カビや細菌は生物学では微生物といわれるグループのメンバーだ。微生物とは何かといえば、その字のごとく、肉眼で見えないような小さな生物のことである。肉眼で見える限界は0・1㎜程度なので、0・1㎜未満の小さい生き物といえる。カビやキノコも微生物といわれるのは不思議な感じがするが、私たちが見ているのは成長したカビやキノコであって、胞子は0・01㎜（10㎛）前後ととても小さい。観察するのに顕微鏡が必要だから微生物として扱う。

細菌もカビも小さいので微生物と呼ばれているが、生物学的にはこの2つはまったく異なる。体の基本単位である細胞の大きさと構造が異なるからだ。100倍の顕微鏡で見ると、細菌の構造ははっきり見えないが、カビの細胞ははっきり見える。細菌には核がないのに対して、カビの細胞には核がある。カビの細胞は、細菌より植物や動物さらにヒトにずっと近いのだ。微生物学者からすれば、こんなに違う2つの生物が日常生活において似た存在であることが、むしろ不思議に思える。

微生物がもっとも多くいる場所の一つが土の中だ。無数の多様な生物のるつぼと言ってよいだろう。肥沃《ひよく》な土1g中に細菌1億個、放線菌1000万個、カビ100

万個がいる、と見積もる専門家もいる。その他に、ミミズ、トビムシやダニの仲間が無数に生息している。土壌の中でも、有機物が多く含まれているほど、生物も多く生息している。これらの生物群が地球の生態系の土台をなしているといっても過言ではない。たとえばミミズは、落ち葉などを吸い込んで、体内でドロドロの小さな塊にまですり潰《つぶ》す。1日当たり体重の30％も吸い込んで、それを排出する能力があるという。小さくなった有機物を、トビムシやダニがさらに分解する。

有機物の多い肥沃な土壌の微生物の世界では、細菌や放線菌、菌類が中心的存在である。

細菌はとりわけ水田の土壌において物質循環に大きな役割を果たす。中でも豆類などの根にコブのようにいっぱい付く「根粒」の中に棲《す》んでいる細菌は、根の細胞と共生生活をしている。共同で空気中の窒素を細胞内に取り込み、タンパク質の原料であるアミノ酸を作るために、窒素固定を行っている。

また菌類は、枯れた樹木のような死んだ植物に集まっているイメージがあるが、実は死にかけた植物も餌にしている。菌類は非常に多種多様であり、さまざまな分解能力を持つ。たとえば有機酸を分泌して、プラスチックを分解する菌もいる。また、別の菌が持っている酵素は、セルロースなどの硬くて消化されにくい木材成分も、ゆっくりとだが分解することができる。ただ単純に分解するだけではなく、その分解の過程で菌類は低分子の有機物を生産する。それらは、周辺に生息する細菌などの餌になる。土壌中にある有機物の80％までもが微生物の死骸《しがい》だと考えられている。

土の中は人間には見えない世界である。ただ、私たちの生活につながりのある細菌や菌類の本来の生息地が土にあることは、科学者にとって周知の事実だ。とはいえ、それらの微生物が注目を浴びることはほとんどない。日常生活では微生物のことを知らなくても差し支えないからだ。ところが、誰もが知らなくてはいけないような、生死にかかわる微生物が多くいることが、19世紀末以降にわかってきたのである。

カビと細菌

簡単な顕微鏡を自作し、微生物を初めて観察したのは、オランダのレーウェンフックであった。1674年、今から約350年前のことだ。彼は、身の回りのあらゆるものを顕微鏡で覗《のぞ》いて見た。すると、家の庭の井戸水や雨水などにさまざまな形をした微生物がおり、それらが動くことに気づいた。その中には原生生物や細菌も含まれていた。彼はその形をスケッチして後世に残した。

カビは漢字では「黴」だが、細菌と同意のバイキンは「黴菌」と書いた。カビと細菌は、日常生活ではあまり区別がつけられない。食品の腐敗においても、発酵においても役割はほとんど変わらない。カビと細菌、両者の共通点、相違点は何だろうか。

共通点としては、どちらも食品を汚染して悪臭を放つ。食べると健康被害が起きる可能性がある。ジメジメしているところが好きである。いなくなればよいと多くの人が思っている。

善玉の細菌やカビも多い。善玉細菌の代表は納豆菌、乳酸菌などだ。納豆菌やヨーグルト作りなどに用いる乳酸菌は、発酵食品の製造には不可欠だ。また、コウジカビは日本人にとってなくてはならないカビだ。第一章で紹介したように、清酒や醬油《しょうゆ》などの製造に用い、私たちの食生活を豊かにしている。病気のときに処方される抗生物質もカビや細菌によって作られる。

細菌とカビの日常生活における相違点はどうか。食品に生える場合について見ると、両者の違いははっきりする（表2－1）。細菌はカビより速く成長する。短時間で分裂を繰り返し、一晩で爆発的に増殖するものもいる。一方でカビは、3日経たないと目に見える大きさにならない。さらに、細菌は湿った生鮮食品によく生えるのに対して、カビは干物などの保存食品にも生えてくる。カビは湿った食品にも生えるはずだが、細菌より成長が遅いため、細菌に先を越されてしまう。またカビは酸性条件でも生育し、ミカンやリンゴのような酸っぱい食品にもよく生える。

健康被害という面では、カビと細菌の違いは、まさに月とスッポンである。細菌では、ペスト菌、結核菌、赤痢菌、コレラ菌などの恐ろしい病原菌が目白押しである。

条件	カビ	細菌
コロニー	見える	見えない
生育速度	遅い	速い
被害食品	保存食品	生鮮食品
水分活性(Aw)	0.65以上で生育	0.90以上で生育
pH	酸性でも生育	中・アルカリ性で生育

表2-1　食品に生えるカビと細菌の比較

これらの細菌は多くの人々に感染し、これまでに幾多の人々を死に追いやってきた。まさに大悪玉といえよう。世界のヒトと微生物の攻防の歴史は、細菌やウイルスのヒトへの感染史を意味する。しかし、教科書に載っているペストやコレラといった細菌に由来する感染症（＝伝染病）は、現代の日本の国内にいる限りほぼ無縁である。

ただ、中悪玉である食中毒菌も忘れてはなるまい。サルモネラ菌、腸炎ビブリオ菌、腸管出血性大腸菌などがある。私たちの身近で起きる細菌による健康被害のほとんどは食中毒である。

その点、カビが原因の伝染病や食中毒というのはまず聞くことがない。その毒性も急性ではなく慢性である。つまり、カビを間違って食べてもおなかが痛くなることは、まずないのだ。ただカビは細菌と違って目視できるので、印象が強いのだろう。見える小悪玉と言ってもいいかもしれない。

カビの健康被害は、細菌に比べれば非常に少ないにもかかわらず、なぜテレビなどでよく取り上げられるのだろう。私はいつも不思議に思っている。カビは大悪玉や中悪玉ではなく、小悪玉だからかもしれない。感染しても死に至る例はほとんどないが、予防をきちんとすれば被害を減らせる手ごろな敵だ。また、形が複雑でカラフルであり、テレビ映りがよいというのもあるかもしれない。

ちなみに、細菌より小さい病原体として、ウイルスが知られるようになったのは20世紀になってからである。ウイルスはそれまでの光学顕微鏡ではまったく見えず、電子顕微鏡によって見えるようになった。ウイルスの中でも大きいのは天然痘ウイルスだが、それでも0・3㎛（ミクロン）以下である。

20世紀末以降には、エイズウイルスやエボラウイルスなどの新たな病原性ウイルスが幅を利かせている。また、ノロウイルスのように食中毒を起こすウイルスも多く見られる。2020年には肺炎の原因になる新型コロナウイルスが中国から拡がり、アジアのみならず世界を席巻《せっけん》した。日本でも外国人旅行客が激減し、予防用のマスクが品切れになった。さらに現在、多くの人々が社会生活ばかりか、生命の危機さえ感じている。

蛇足ながら、カビと細菌では、各々の専門家は別の学科や研究室で学び、所属学会も異なる。縄張りがまったく違うから、細菌とカビと両方を調べて欲しいと言われると困ってしまう。使う器具や微生物を育てる培地が違う。

カビの専門家は顕微鏡が主要な機器だが、細菌の人はほとんど使わない。彼らは、遺伝子を調べるPCRやシークエンサーなどの機器を使う。また、カビの専門家が使う培地は、細菌が生えてこないように抗生物質を添加したものだ。カビを調べるために細菌をシャットアウトするのである。それでも、抗生物質に耐性をもった細菌が生えてくることがある。そういった場合も、カビの専門家は細菌を無視して実験を進める。生えていても目に入ってこないのだ。

一方、細菌の専門家にとって、培地にカビが生えてきたら一大事だ。他の培地に感染しないように、何が何でも即処分する。カビが生えた、などとなれば実験する当人の資質が問われかねないようだ。友人の細菌研究者は、大切な細菌の保存株にカビを混入させたため、解雇されてしまった。なお、カビと細菌の実験法で共通しているのは、種類の決定に遺伝子情報が重要である点ぐらいだ。

細菌研究の確立

ここからは微生物の中でも細菌についてまず見ていこう。

細菌の存在を広く世に示したのは、1861年のフランス人パスツールによる「自然発生説の検討」の論文である。そもそもこの説は、肉を腐らすのは細菌が原因であることを証明しようとしたことから出発している。逆に、細菌さえいなければ肉はいつまでも美味《おい》しく食べられることになる。ゆえに、細菌の発見は、細菌悪玉説の開始でもあったのだ。

パスツールの実験は、ガラスのフラスコの中の肉汁を十分に煮て、中の微生物を殺菌することから始まる。そしてフラスコの口を長く引き伸ばしてから、白鳥の首のように2回曲げる。外の空気は横からだけは自由に入るように工夫した。すると、何日経っても肉汁の腐敗は起きなかった。一方、白鳥の首の部分を切り落として、空気が上から入るようにすると腐敗が起きた。こうして、空気中から落下して混入する微生物がいなければ腐敗が起きないことを、広く世に知らしめたのである。

その後、細菌による伝染病の解明に大きな貢献をしたのは、ドイツ人のコッホだ。当時のヨーロッパでは、炭疽《たんそ》病のために多くのヒツジが死に、農民たちにとって大きな問題となっていた。1876年にコッホは、炭疽病に罹患《りかん》したヒツジの血から糸状の細菌を見つけた。細菌に感染するとともに、ヒツジが病気を発症して重篤になることを解明した。こうして、特定の細菌が特定の病気を引き起こすことを証明したのだ。また、コッホはコレラ菌、結核菌など、当時の世界的な伝染病の原因が細菌であることも明らかにした。

19世紀末には、14世紀以降にヨーロッパをしばしば襲ってきたペストの原因となるペスト菌が分離された。さらにペスト菌がノミを介してネズミからネズミへ、さらにヒトへと感染する経路も解明された。このように、伝染病の原因は細菌であるとのセオリーが世界中の人々に定着していく。その後は、細菌悪玉説のオンパレードである。子どもの時に、土の上などに食べ物を落とすと、「バイ菌がついて不潔だから、そのまま食べてはいけない」と言われた人も多いだろう。私はそれでも、美味しいお菓子は捨てずにおいて、家の水道で洗って食べたものだ。

パスツールやコッホらによって病気の原因が細菌であることが証明された。微生物の研究は顕微鏡で眺めているだけでは進まない。次にすべきは細菌の単離（分離）と培養だ。分離に成功した後に、その微生物を増殖させて性質を調べるのである。細菌を分離して培養するには、固形の培地が必要だ。ドイツ人のコッホは、細菌を分離する培地として、ふかしたジャガイモを薄く平たく切って用いたことが知られている。地産地消、ふだんの身近な食物を実験に使用したのである。この培地を机の上に置いていたら、その上に色とりどりのいくつもの小さな粒状の細菌のコロニーができた。こうして、いろいろな細菌が室内などの身近なところに存在していることを、多くの人が知るようになった。

一方で、この培地には、ヒトに感染する病原菌は生えなかった。その後、彼は培地に多くの改良を加えていった。細菌の栄養として肉汁のエキスにゼラチンを加えて固めた培地を考案した。さらに、ゼラチンの代わりに寒天を使うようになった。このような固形の培地を利用して、病気の動物やヒトの体内にいる細菌の中から、原因となる病原菌だけを、分離して培養することに成功した。こうした培養法の確立は、病原性細菌に関する研究の礎になった。

カビも細菌と同様に、どのような培地を用いるかに研究者の力量が問われる。カビの図鑑を見ると、60余りのカビ用の培地がリストアップされている。作物を栽培するのと同じで、使う培地が微生物に適していないと、うまく育たない。調べたいカビについての実験ができないことになる。私の学生時代に、先輩は「微生物学は培地学だ。一流の微生物学者になろうと思ったら、新しい培地の一つや二つは考案するもんだよ」と言っていた。微生物の研究者にとって、大げさかもしれないが、使う培地が人生をも左右するといえる。

環境と体内外の細菌の動態

善玉であれ悪玉であれ、細菌は空気や水を介して人の許《もと》にやってくる。

やや暗い部屋で一条の光を投じてみると、その光の通り道の中に、夥《おびただ》しい数の細かいホコリが飛んでいることに気づく。私などは、これだけ多くのホコリがあってもよく邪魔にならずに、向こうが見えるものだと思ってしまう。実はそのホコリに細菌が付着していることが多い。また、咳《せき》やくしゃみをしたときに出る細かい飛沫《ひまつ》にも付着して浮遊する。

浮遊した室内塵《じん》（ホコリ）は病原体やアレルギー物質の乗り合いバスだと言う専門家もいるほどだ。ホコリというのは1㎜以下の室内の微粒子をさす。その50％以上は綿などの繊維ホコリで、25％程度が土や砂だ。それらに、細菌やカビの胞子、ダニの糞《ふん》などが付着していると考えられている。まさに、微生物の乗り合いバスだ。浮遊しているホコリの場合、静止状態では30分で約90％が床に落下する。床に落ちたホコリは隅で吹き溜《だ》まりになり、湿気を含んで定着し、細菌やカビなどの温床になる。

カビと違って、細菌の多くは乾燥に弱く、空中に浮遊している間に死滅することが多い。しかし、芽胞《がほう》といって、高温や乾燥に耐えられるように外皮をつくる種類もある。納豆菌や食中毒菌であるボツリヌス菌がその例で、乾燥に耐えられる能力はカビを上回る。ちなみに、微生物実験では殺菌するのに圧力釜《がま》（オートクレーブ）を使うが、これは121℃、20分の標準的な使用条件で芽胞も殺すことができる。

水を経て体内に入る細菌もいる。例えば、コレラは、元来インド・ガンジス川流域の伝染病だった。コレラ菌に汚染された飲み水などを介して拡がっていったのだ。公衆衛生学的にも、飲み水の水質は重要だ。汚染された水を浄化する下水道設備と、殺菌した水を供給する上水道が幾多の人たちを伝染病の脅威から救っていることは言うまでもない。

怖い細菌がある一方で、私たちの日常生活を支えてくれているのも細菌だ。その一つが活性汚泥菌である。この細菌は、下水処理場で下水に含まれる有機物の汚れを二酸化炭素と水に分解して、水を浄化する。また、この細菌は凝集して固まりを作り、その中に汚れを封じ込めて浄化を促進する。下水を垂れ流しにすれば、下流域や海は汚染される。それに対して、浄化すれば、水道水として再利用できる。この細菌の助けなしでは都市生活は成り立たない。活性汚泥菌は間違いなく善玉菌である。

ただ環境中の多くの細菌は善玉でも悪玉でもない。浴室の床の隅にはスライム状の細菌がよくいるが、ご存じだろうか。石けんカスと見分けがつかない汚れで、やや見てくれが悪いだけである。生活に直接的な害を及ぼさねば、ヒトはいつも無視している。

私たちの体の内外にいる悪玉ではない細菌についても紹介したい。

ヒトの体は数十兆個の細胞でできているが、ヒトの髪や皮膚といった体表面、さらに、口や鼻の中、また、体内の気道、胃や腸といった消化器の表面には、その10倍もの細菌が棲みついているという。このようなさまざまな部分に生息している細菌（常在菌）は、健康で傷のない皮膚などでは問題は起こさない。むしろ、常在菌が皮膚にやってくる病原菌を撃退してくれていることの方が多い。

食道や酸性の胃には細菌は少ないが、小腸に入るとpHが上昇して中性に近くなり、細菌数も増加する。ヒトも、ウシやブタなどと同様に、食べ物を消化するときには腸内細菌の助けを借りる。その数は消化する食物1gに対して1000億個に達する。多数の常在する腸内細菌は、食中毒の原因になるサルモネラ菌やカンピロバクターなどの細菌との競争にも、相手が少数なら打ち勝つことができる。

大腸菌は、腸内細菌の代名詞であり、生物学で最も研究されている微生物である。しかし、実際には大腸菌は希少な存在の細菌で、役立つ消化酵素を出すわけではない。ただ、大腸菌には有害な細菌の定着を抑える作用があるという。大腸菌が実験材料として有用なのは、どの哺乳類《ほにゅうるい》の大腸からも見つかることと、特別な栄養条件も培養条件も必要とせず、短時間で成長することである。

地味な放線菌が脚光を浴びる

次に放線菌を見てみよう。放線菌は核のない微生物で細菌の仲間である。細菌の多

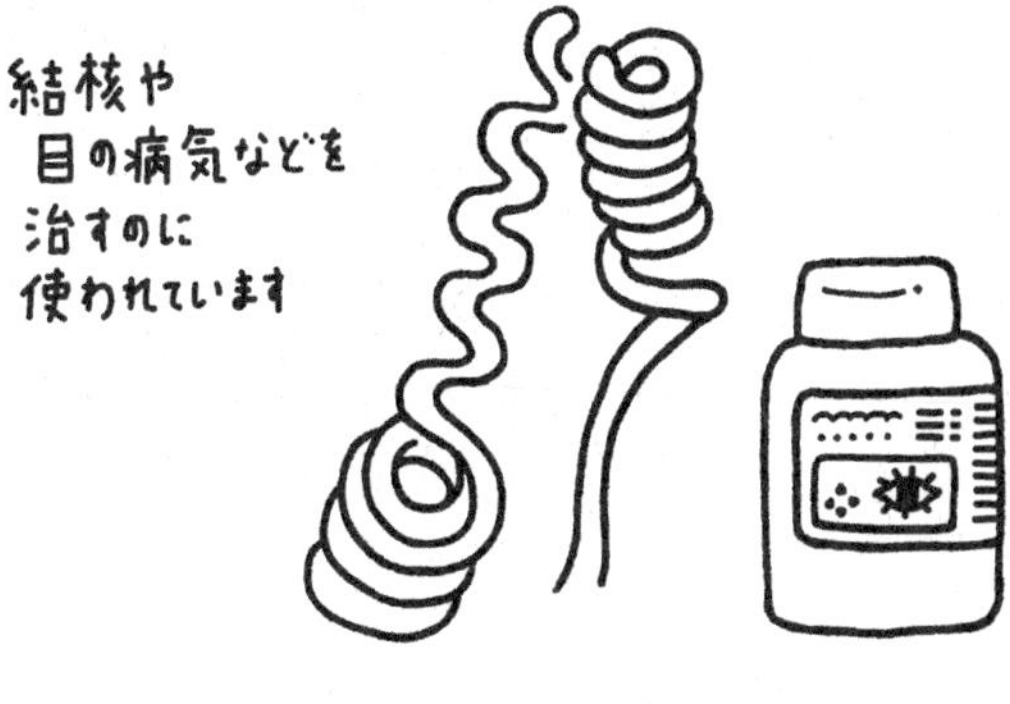
結核や
目の病気などを
治すのに
使われています

図2-1　大活躍の放線菌

くは球状や桿《かん》状（さお状）の単純な形をしているが、放線菌は名の如く放射状に菌糸が伸びて、先端にさまざまな形の胞子を作るものが多い。形態的には、細菌よりカビに似ている。らせん状の菌糸やとげ状の胞子など複雑な形のものがある（図２－１）。また、多様な化学物質を生産する点もカビに似ている。

畑などを深く掘り起こした場合、昔懐かしい土くさい匂いのすることがある。これは放線菌の仕業だ。放線菌は土壌中の有機物を、酸素を使って、あるいは使わずに分解している。その過程で放線菌の発する揮発性の成分の匂いは、強烈なチーズ臭に似ている。

ふだんは気にも留めない放線菌だが、大きな話題になったことがある。１９８

0年代、大阪で水道水のカビ臭が問題になった。調べてみたところ、水道水にカビ臭の原因物質であるゲオスミンなどが混入していたことがわかった。自衛策として、家庭用浄水器が非常に流行《はや》った。当時は、水源である琵琶《びわ》湖で赤潮が発生していたので、原因が取り沙汰《ざた》された。よく調べると放線菌が原因で、放線菌の強烈な匂いが、多くの人々に不快感を与えていたのだった。「関西の水道水はカビ臭い」との汚名を払拭《ふっしょく》するために、高度処理化が進んで、その後、水道水は美味《おい》しくなった。その意味では、放線菌は美味しい水の陰の功労者と言えるかもしれない。

私も水道の関係者から、「カビに似た微生物が水をろ過するフィルターに発生したので、見てほしい」との依頼を受けたことがある。顕微鏡で見ると、カビのような糸状の微生物だった。ただ、菌糸の太さは、カビの菌糸に比べてかなり細かった。また、細菌と同様に、抗生物質を加えた培地では生えなかった。そこでこれは放線菌だと判断した。

こういったことでしか話題に上らない地味な放線菌だが、20世紀半ば以降に注目を浴びるようになった。創薬能のためである。

放線菌は細菌の仲間であると述べたが、歴史においては病原性細菌と放線菌は正反対だ。ある時期を境に、放線菌は善玉と見られるようになったのだ。放線菌が創薬の世界に華々しく登場したのは、1944年に結核菌の特効薬になるストレプトマイシンが、放線菌から発見されたからだ。ストレプトマイシンは、実験動物に害を与えず、病原菌を殺すことができた。

1942年にカビから分離されたペニシリンが実用化されて以来、薬学界では抗生物質探しが流行するようになった。その宝の山を提供したのが放線菌である（表2-2）。ストレプトマイシンが発見されて以降も、クロラムフェニコール、カナマイシンなど多数の抗生物質が放線菌から発見された。抗生物質はカビよりも放線菌から分離されたものの方がはるかに多く、ペニシリンが例外とさえ言われるようになった。

1960年代に学生生活を送った人たちの中で、「微生物が専門だった」という人と話をすると、「専門は放線菌だった」という人がよくいる。猫も杓子《しゃくし》も抗生物質を探索した時代だった。これまでに、放線菌から6000種余りの抗生物質などが発見された。

「放線菌は自らが作り出した抗生物質に自爆することはないのだろうか？」――こんな素朴な疑問を抱く人は多いだろう。放線菌はそうならないよう、自己耐性機構を持っている。放線菌が抗生物質を作り出す前に、遺伝子が働いて、抗生物質が自分には作用しないよう、いわゆる解毒物質を作っているのだ。自然界の営みの精巧さにはただ舌を巻くばかりだ。一方で、放線菌も命がけで抗生物質を作っているのがわかる。

薬品名	区分	発見年	主な用途
ペニシリン	カビ	1929	化膿止め
グリセオフルビン	カビ	1939	白癬菌
ストレプトマイシン	放線菌	1944	結核菌
クロラムフェニコール	放線菌	1947	赤痢菌、真菌用培地
ポリミキシン	細菌	1947	化膿止め
テトラサイクリン	放線菌	1948	赤痢菌
カナマイシン	放線菌	1957	結核菌
ブレオマイシン	放線菌	1962	抗がん剤
ゲンタマイシン	放線菌	1964	敗血症治療

表2-2　主な抗生物質の発見

創薬のための抗生物質探しの過程では、土壌中から無数の放線菌の菌株を集めた後、それが細菌の成長を抑えるか否かを調べる検査システムの確立が必要だった。特に同じ種でも、産地によって生産する抗生物質が異なる場合があり、効率的な株の選別が重要であった。そのようなスクリーニング法の改良も、株の探索とともに行われた。

2015年にノーベル医学生理学賞に輝いた大村智《おおむらさとし》博士の業績も、このような潮流の中にある。博士は1974年に放線菌から抗寄生虫薬イベルメクチンの元になる成分を発見した。大村博士は480種類余りの化学物質を発見し、25種類が実用化されているという。逸話の一つに、ゴルフ場の土から有用な放線菌を分離したというのがある。創薬のために、博士はいつでもどこでもサンプルを探し、膨大な数のサンプルを採集していたことだろう。

カビとキノコ

次に菌類について考えてみよう。

微生物の世界で身近な菌類というと、キノコとカビと酵母が主なメンバーである。その中で、酵母はふだんあまり見かけない。酵母のコロニーは半球状で、カビのようにマット状に大きく拡がらないからだ。

酵母に対しては誰もがいいイメージを持っているだろう。他の微生物と異なって、善玉菌の代名詞ともいえる。それは生活に役立つからである。酵母は、第一章で述べたように、ワイン、ビール作りやパン作りから発見された。英語のイーストも、ギリシャ語の泡立てるという意味に由来している。19世紀になって、酵母の研究はアルコール発酵とともに進んでいく。このように、応用面から注目された微生物が酵母だ。カビなどとはコロニーの形状も異なることから、酵母というグループが作られた。

ワイン発酵を明らかにしたのも、パスツールである。彼は狂犬病のワクチンの開発などで医学にも造詣《ぞうけい》が深かったが、フランスの地場産業の振興にも大いに貢献した。

彼は、ワインができる時に、生きている酵母が発酵液に入らなければ発酵は起きないこと、事故などで酵母の増殖が抑制されると、ワインができないことを明らかにした。その研究の中で、酵母の小さな球が離れ離れになったり、枝分かれしたり、鎖状になったりして成長するのを、顕微鏡で観察したのである。

一方、発酵能のある酵母にとって好物の糖類は、野外には多くない。花蜜《かみつ》や果実などはあるものの、昆虫からカビまで競争相手は多い。発酵能を持つものは酵母全体の1/3程度であるという。それなら、他の2/3の酵母はどうかというと、人にとって毒にも薬にもなっていない。例えば、赤色酵母という酵母がいる。浴室やトイレで見かけるやや気味の悪い生き物である。それはピンクからオレンジの色が目を引くだけで人の役に立つわけではないが、悪さをするわけでもない。それでも、世間の人は、酵母はすべて善玉であると信じて疑わない。

次に身近な菌類の代表格であるキノコとカビについて紹介したい。キノコとカビは同じ仲間だ。菌類の専門家はそう言うし、もちろん私もそう考えている。両者はともに、湿った環境で菌糸を基物中に縦横無尽に張り巡らし、さまざまな酵素を分泌して栄養分を吸収して生きている。キノコとカビの研究者は同じ菌学会に属しており、研究手法も似ている部分が多い。

しかしこの見方は、一般の感覚と大きく乖離《かいり》しているだろう。「カビとキノコはどこが違うか」というより、一般の人から「カビとキノコはどこが似ているか」と、逆に聞き返されそうだ。キノコは食べられる山の幸の一つであり、有用な菌類である。秋になると山にキノコ狩りに行く人は多いが、カビを採りに行く人はいない。カビは厄介者だ。もちろん、毒キノコもあるが、あくまでも例外なのである。

もう一つの大きな違いは大きさである。手に取れるほど子実体《しじつたい》（生殖器官）の大きいのがキノコで、それより小さいのがカビと呼ばれている。カビはキノコに比べて小型なので、ちょっとした隙間でも簡単に生えるのが特徴である。例えば、少しばかりの栄養があるなら、カビは早々に生えることができる。胞子も短期間で作り、栄養がなくなればいつの間にか消え去り、別の場所に忽然《こつぜん》と現れる。たとえば住宅の中では、結露部分や菓子屑《くず》に生える。身軽ですばしっこいが、周辺の環境に影響を与えるパワーには欠ける。森の中では、樹木に付着したカビが菌糸を伸ばしても届くのはせいぜいその表面だけである。カビだけでは、樹木の葉ならまだしも、幹や切り株はもちろん枝も分解できない。

カビに比べてキノコは大きい。大きいことが、カビと異なる生活様式を生み出した。キノコが子実体を作るのは大変なエネルギーが必要である。例えば、ヒラタケ1株の子実体を作るには、その下に数百mlもの菌糸の塊がなければならない。必要な水分量も半端ではない。このようにキノコは大きいからこそ、倒木のような大型の基質にも取りついて大量に分解できる。

樹木の大部分はセルロースやリグニンなどでできているので、他の菌類や植物にとって分解しにくい。だが、サルノコシカケなどの木材腐朽菌と言われるキノコは、進化した酵素系を持っているから分解できる。他の菌類に邪魔されることなく、長期にわたって安定的に生育でき、大量の菌糸体と大きな子実体を作ることができる。例えば、シイタケは木材を腐らすキノコだが、人工栽培に使った榾木《ほだぎ》は、内部が驚くほど分解されてサクサクになっている。キノコは、まさに〝木の子〟なのだ。

キノコは、子実体である傘の裏側のヒダに無数の胞子を蓄える。森の中とはいえ、新たな倒木や共生するのに適した樹木がいつもあるわけではない。滅多にないというべきであろう。危機管理のために、キノコは大量の胞子を生産している。また、傘は地面や樹皮から離れた位置にあり、傘の下は風が通りやすくなっている。それ故、子実体から放出された大量の胞子は、風に乗って広範囲に拡散されるという。

私は森の中で、空中から落下してくる菌類の胞子を集めたことがある。落下してくる胞子のじつに2/3以上がキノコの胞子だった。森の中は、カビではなく、キノコの世界だといえる。一方、住宅の中はその逆で、80%以上がカビの胞子である。私たちがふだん見るカビは、住まいに適応していると言えそうだ。地球上のカビはいずれも有機物を分解して生きている。地球環境を支えている縁の下の力持ちである。しかし、森の掃除屋さんの主役はカビではなくキノコなのだ。

寄生と共生

菌類は腐生菌《ふせいきん》から寄生菌、共生菌へと進化した。腐生菌は栄養を生物遺体などの有機物から得るのに対して、寄生菌は生きた生物に付着して栄養を得る。寄生菌は作物に被害を与える植物病原菌などに多い。

カビの仲間では、腐生や寄生生活を送るものがほとんどだ。その中で、イネ馬鹿苗病菌（ジベレラ　フジクロイ）というカビはユニークな存在である。このカビに感染した苗は、著しく背丈が高くなって倒れやすくなる。原因は、カビが植物の成長を促進するジベレリンという化学物質を多く分泌しているためだ。今日の農業では、精製されたジベレリンが植物の成長促進に利用されている。また種無しブドウ作りにも利用されている。カビが人に役立っていることを示す、世間ではあまり知られていない例の一つだ。

世界で最も多く食べられているキノコは、マッシュルームと、ヒラタケやシイタケであろう。いずれも腐生菌で、わら堆肥《たいひ》やおがくずを栄養源にして、人工栽培が行われている。

一方、軟らかいキノコの約1/3は、樹木に外生菌根を形成して、共生生活を送っている。外生菌根とは、樹木の根の細胞に侵入せず、その周りを菌糸が取り巻いているように見える状態をいう。このように共生している菌根菌はリンや窒素を樹木に渡し、樹木はお返しに光合成で得た有機物を菌根菌に渡す。菌根菌であるマツタケの生えている土の中を観察すると、張り巡らした無数の菌糸によって真っ白になっている。その面積は1本あたり100〜200㎠で、その中では細菌もカビも排除される。菌根菌の代表的な食用キノコには、マツタケ以外に、ホンシメジ、トリュフなどがある。いずれも生きた共生相手が必要であり、人工栽培が難しいキノコである。しばしば不作になり、高価なキノコとして知られている。

共生している菌類のもう一つの代表が地衣類《ちいるい》である。

大自然の厳しい環境の中で人知れず生きているのが、地衣類といわれる菌類のグループである。地衣類は、地衣菌という菌類と緑藻などの藻類とが共生して、一つの生命体のように生きている。多くの地衣類は小さくて外観が緑っぽいので、植物であるコケに似ている。しかし、地衣菌は菌類である子嚢菌《しのうきん》などと子実体の構造が同じである。

地衣菌はその栄養のほとんどを藻類から獲得している。そのお返しとして、厳しい環境でも生きられるように、藻類を乾燥や紫外線から守る役割を担っている。地衣類は共生のお手本のようだ。地衣類の場合は、栄養をもらう地衣菌の方が、栄養を供給する藻類よりはるかに大きい。その点が、樹木と共生する菌根菌と大きく異なる。そして、地衣菌の方が菌体の内部に藻類を取り込んでいるように見える。

私は大学院生時代から10年余り、単離した地衣菌の培養実験に取り組んでいた。地衣菌のコロニーは培地上では、カビとは違ってマット状に拡がらず、まるで団子かブドウのように丸いまま大きくなっていく。また、地衣菌は非常に成長が遅く、半年間培養しても小指の先ほどの大きさにしかならない。これでは、長生きしないと論文も書けない。

私の研究テーマは地衣類の共生関係の解明だった。現在、共生という言葉は一種のブームともいえるが、当時はそうではなかった。そんな研究は生活に役立たないためか、就職に恵まれなかった。バイト生活を送りながら35歳まで、大学で明けても暮れても培養実験をしていた。それでも、そんな他人のしない研究こそ、ノーベル賞級の大発見につながると信じていた。当時、そんなことを考えている研究者は一杯いたのである。

大量のサンプルを集め、実験条件を変えて調べる体力勝負の作業が多かった。常時使っていた試験管は約6000本で、毎日試験管を洗い、培地や綿栓作りをしていた。

野外で調査していると、地元のおじいさんによく声をかけられた。専門についてわ

かりやすく説明すると、答えは決まって、「そんなもん、何の役に立つのかね」。挙句の果ては、

「(昭和の)天皇さんみたいな研究をしてるんだね。そう言えば、顔も似てるね」

「……」

第三章　思わぬところに生えるカビ

スマホになぜカビが

カビはスキあらばどこにでも顔を出す。カビは意外な場所に生えることが多い。その理由はカビの胞子が数ミクロンと、非常に小さいからである。少しでも水分の溜《た》まった所があれば、胞子はどこからともなく侵入して、いつの間にか大きくなって私たちを驚かす。

2010年代になって、スマートフォン（スマホ）が私たちの生活に新たに登場して君臨している。この文明の利器にも、カビは生息域を拡げようとしている。頻繁に指で触れるスマホの画面は、トイレの便座以上の細菌が付着していることがあると細菌学者はいう。しかし、カビ汚染があるのはこの部分ではない。スマホの本体に傷が付かないように、その裏側にとりつけたプラスチックのカバーの方だ。このカバーと本体との間でカビは発生する。本体とカバーの隙間は狭く、ここに汗などの水分が溜まると抜けにくいからだ。また、カビの栄養源になるホコリや汚れが内部に徐々に蓄積するから、使用年数とともにカビが増える。機種によってはカバーを外しにくいものもある。掃除をしないまま使っていると、カバーの内側はカビの巣窟《そうくつ》になりかねない。

今日の若者の多くは、寝るとき以外は手に握りしめるか、胸やズボンのポケットに入れている。ほかには何も持たず、スマホだけで街を闊歩《かっぽ》する人もよく見かける。中には、浴室にまで持ち込む猛者《もさ》までいる。ヒトは体全体から多量に発汗するため、スマホも濡《ぬ》れやすい。このような使い方をするスマホのカバーは要注意だ。カバーを取ってしまえばいいのだが、落としたときに壊れないためと、汚れ防止のためにカバーは手放せないようだ。

多くの人々はスマホのカビは見えないと思っているが、これは誤りである。スマホのカビはよく見える（図3－1）。コクショクコウボやクロカビ（＝クロカワカビ）などの黒いカビが多く、目立つ。小さな蜘蛛《くも》の巣のように生えていて汚れの塊も見える。肉眼で確認できなくても、10倍のルーペで見れば間違えることはない。

スマホカバーには、カメラ用などいくつかの穴が開いているが、穴の周りを取り囲むように、カバーの表面に直接生えていることもある。穴の部分から水分が侵入するので、水源を囲むようにカビが生えるのだろう。さらに繊維埃《ぼこり》のようなものが、カバーの湾曲した部分に溜まっているのをよく見かける。細い繊維の上に網状の菌糸の塊が見える。ホコリが水を蓄えてカビの温床になっているのだ。カビは、繊維に付着した汚れや汗の成分を栄養にしている。定着すると、カバーの成分であるプラスチックなども栄養にする。

図3-1　スマホのカビはケースに生える。季節は冬

スマホに生えるカビにも季節変動がある。夏より冬の方が多い。スマホは少し発熱しているから、冬でも温かい。スマホを握りしめていたら温度はさらに上がるため、カビの繁殖には好適なのだ。一方、夏は、カバーの内部が熱くなりすぎて、カビはバテて減ってしまう。梅雨の季節は元気だったカビがだんだん減ってくる時季といえる。お餅《もち》のカビと同様に、スマホのカビは冬の風物詩といえよう。

２０１４年の春、私はスマホカバーのカビについての調査を行った。すると1台のスマホカバーで、最高56万個のカビの胞子が検出された。このカビ数は栄養が少ない環境にしては多く、同じ面積のフローリングのカビ数（最高４・７万個）の約10倍、浴室の壁（最高４５０万個）の約1/10であった。

ここに生えるカビは怖いものだろうか。カバーの内側のカビは外部に漏れることはほとんどないので、健康に影響があるとは考えられない、というのが、私の見解である。環境中のカビによる主な健康被害は、胞子を大量にかつ継続的に吸い込んだ場合のアレルギー疾患だ。日常生活では一時的に大量に胞子を吸い込むこともあるし、どれくらい吸えば健康被害が起きるかは、医学的に数値で表現することは難しいようだ。

スマホカバーのカビについて論文を発表したところ、あるテレビ番組でインタビューを受けた。私は「健康被害はないだろう」といつものように答えた。ところが、その番組のヘッドラインでは、健康被害がある、となっていた。私のコメントとは正反対である。どういうことなのか？　驚きながら番組を見ていたら、私のインタビューは採用されず、ある医学博士が「スマホカバーのカビは健康被害の恐れがある」とコメントしていた。そして私の出番はなかった。「害はない」と言うより、「被害の恐れがある」とした方が視聴率を稼げるからかもしれない。カビの健康被害について正しい知識を持っていない医学博士は多いと、私は思っている。

スマホのカビの研究は、新聞で紹介されたこともあり、テレビの取材依頼が何件かあったが、撮影では毎回苦労した。どこのテレビ局もカビの特集は梅雨時に放映したがる。しかし、そのころには、スマホのカビは減少する傾向にある。先ほど述べたように、スマホカバーのカビの季節は冬であり、梅雨ではすでに暑くなり過ぎているのだ。そのことをテレビ局に一所懸命に説明してもなかなかわかってもらえない。また、ロケでディレクターはなぜか、街頭に立って道行く人に、「スマホを見せてもらえませんか？」と頼む映像を撮りたがる。所有者からＯＫをもらうと、外したスマホカバーを私がルーペで覗《のぞ》く役をする。これまでにそういったロケに3回も付き合った。とはいえ、立派にカビの生えたスマホはなかなか見つからない。梅雨時や夏の最中《さなか》に、街頭で長袖《ながそで》の白衣を着て、汗だくになってカビを探すのは、身も心も消耗する。いい歳をしてと、情けなくなる。

実はこのスマホカバーのカビ調査は、私の研究生活において最も楽ちんな調査の一つだった。大学の講義が終わった後、学生に、「これからスマホのカビを調べたい。協力してもよいと思っている人は、私のところに持って来てください」とお願いする。協力してくれる学生に並んでもらい、調査用のふき取りキットを使って、カバーの裏側のカビを次々に採取していく。ベルトコンベアーのように、貴重なサンプルが向こうから来てくれるのだ。15分ばかりの間に、50余りのサンプルが集まったこともある。多くの学生が素直にボランティアに協力してくれたのには、秘訣《ひけつ》がある。協力してくれれば、試験の採点にボランティア加算をすることを少々匂わせたのである。

そんなある日、カビが生えているスマホカバーが持ち込まれたので、さっそくカビの部分を培地に移植して培養を始めた。3日ほど経ってからカビの成長を観察した。その時、ある異変に気付いた。生えているカビのコロニーの上で何か小さいものが動いている。それも1匹だけでなく、あちこちのコロニーに群がっていた。ルーペで覗き込むと、いずれもカビを餌にするケナガコナダニだった。

カバーの内側にダニが侵入するのだろうか？　私は不思議に思った。そこで、スマホの持ち主に、使用状況について聞いてみることにした。持ち主は1歳の赤ちゃんの母親だった。彼女が言うには、娘がいつもスマホで遊んでいる。そして、食べ物カスのついた手で触ったり、スマホをしゃぶったりしているという。湿った栄養分が供給されれば、カビ汚染だけでなくダニ汚染も起きることを知ったのである。

文具とカビ

スマホはすでに電話ではなく、コンピューターであり、筆記具でもある。昔のマスコミの取材と言えば、大きな大学ノート持参が定番だった。先日、メモ帳も持たずに取材に来て、スマホにメモしているテレビのスタッフがいた。正確に取材できるだろうかと心配になった。

明治時代の有名な勧学の言葉である「ペンは剣よりも強し」。小学生のときによく父親から聞かされたものだ。これは、新しい西洋文明や学問を学ぶことの大切さを説いたものだが、現代人の知識の主な源はスマホに取って代わられた。今は昔というべきほど、ペンもインク壺《つぼ》も絶滅危惧《きぐ》文具になってしまった。

文具にカビが生えるといえば、以前はブルーブラックインクの壺だった。ブルーブラックのインクは、硫酸銅が含まれていて強酸性である。カビは一般に酸性条件に強く、壺の中にアオカビが生えることがある。アオカビの中にはレモン汁並みのpH2ぐらいでも生育するものがある。壺の中にドロッとした塊が見つかることがあって、それがカビだった。現在では、インク壺はおろか、万年筆もあまり見かけなくなったが、カビは万年筆のインク詰まりの原因の一つでもある。

以前、封を切ったばかりの水性サインペンにカビが生えていると、市民から事故品を持ち込まれたことがある。オレンジ色の太字と細字の両方を書ける様式のもので、その両側のペン先に白いカビのコロニーが見つかった。カビは生えているが、インクは両側とも乾いておらず書くことができた。内部は十分に湿っているようだ。さっそく、カビのコロニーの一部を取って培養してみた。どちらのペン先のカビも生きており、間もなく培地に生えてきた。共に同じクロコウジカビだった。クロコウジカビなのに、なぜペン先のコロニーが白かったかというと、胞子ができずに透明の菌糸だけが成長したからだ。インクの含有成分によって、クロコウジカビの黒い胞子の形成が抑えられたのだった。

私は製造元を調べて電話し、この事故品について事情を聴いてみた。すると、なんと10年前に製造を中止した製品だという。それ以降、持ち込んだ方がどのように保存していたかは知る由もなかった。だが、このサインペンのインクの成分は水性塗料で、カビが生えるのは珍しいことではない。このカビも塗料を栄養源にしていたことだろう。製造時には約5％のアルコールと、防腐剤が添加してあったという。事故品は薄いプラスチックの包装であったが、ごく最近まで封も切られていなかった。それでもこの10年間にアルコールが徐々に抜けて、カビが生えやすくなったようだ。ちなみに、油性インクは塗料を溶かすのに有機溶媒を使っている。有機溶媒にはカビは生えない。

身の回りの意外なところに生える例は多くある。無機素材にカビが生える場合は、とりわけ驚きの目で見られることが多い。これは、カビが甘いケーキなどの栄養が多いところに生えるものだという先入観によるものである。

レンズとカビ

無機素材の例でいえば、カメラのレンズがある。ここのカビが問題になったのは新しいことではない。稀《まれ》にしか使わない双眼鏡や顕微鏡やプリズムなどの精密な光学機器に、カビがよく生えることがわかっている。1918（大正7）年、レンズが曇る原因を研究していた中村清二氏は、原因がカビであることを初めて確認した。

このカビは、少し湿った環境に置かれたレンズの上にゆっくり生えてくる。その間にレンズが次第に曇っていき、光が通りにくくなる。表面をルーペで覗くと、レンズ全体に蜘蛛の巣を張ったような模様ができている。レンズに生えるのは、ごく少量の水分があれば生えてくる好乾性のカビで、カワキコウジカビと呼ばれている。革靴のカビ汚染の原因菌としてよく知られている。このカビを培養するには、水1L（リットル）に対して糖分を400gも加えた、水あめのような培地を用いる。

第二次大戦で太平洋の南方に展開したアメリカ軍は、カビによってレンズの表面に細かい傷がついてしまい、双眼鏡も望遠鏡も銃の照準器も使い物にならなかった。レンズのカビによる被害が多発したが、熱帯林の昆虫がカビの餌になって被害を助長したという。同様に、日本軍も南方の戦地では、わずか数カ月で高性能の双眼鏡のレンズにカビが生えて視野が曇ってしまった。このような事故は、北方の戦地で起きることはない。高温多湿な気候のために、夏であってもガラスのレンズに結露が発生するからであった。

カビが原因でレンズが曇るには2つの段階がある。初期の段階では、菌糸が蜘蛛の巣状にガラスの表面に沿って拡がっていく。それだけなら、丁寧にふき取れば元通りに見えるようになる。しかし、カビの成長段階が進むと、菌糸の表面からガラスを溶かす酸が分泌され、レンズを侵食していく。こうなると、菌糸を取り去っても、エッチングをしたように枝分かれした細い溝がレンズの表面に残ってしまう。修理は不可能で、レンズを諦《あきら》めるしかない。

レンズが雨で濡れるからカビが生えるのではない。レンズの表面は冷えると結露しやすい。とりわけ、レンズが密閉系に近い状態にある場合は、長期にわたってカビの水源になる。通気性の悪い湿った住宅で、高級なカメラを保管していると、レンズにカビが生えることがよくある。一方、カビの栄養はレンズのガラスではない。ヒトがレンズに触れた時の手あかやコーティング剤、微小なホコリだ。それなら、こまめに手入れをすればよさそうなものだが、レンズの中央部を丁寧に拭いたつもりでも、隅の方にホコリは掃き寄せられて溜まり、水分や栄養を蓄える温床になる。実に厄介だ。なお、近年のデジカメのレンズも例外ではない。同様にカビは生えるし、専門店はクリーニングのサービスをしてくれる。

レンズといえば、ソフトコンタクトレンズにもカビが生える。わかったのは、１970年代後半以降である。レンズの材料は軟らかいプラスチックで、吸水性がよく、カビの温床になりやすい。かなり湿っているため、カビだけでなく細菌も生えてくる。

カビは涙液やレンズに付着した有機物を栄養にするし、その分泌液はレンズの表面を溶かすこともあった。また、カビはレンズのプラスチック素材自体を栄養にすることもあった（1978年11月1日毎日新聞）。

汚染している菌類は、体の粘膜などに生えるカンジダや、シンクなどに多いアカカビなどで、生えるまでに数日かかる。簡単な洗浄では除きにくいようだ。そして、レンズがカビで汚れて見えにくくなるのはまだ軽症である。場合によっては、カビに感染して角膜が炎症を起こすこともあった。対策は、レンズを毎日、煮沸《しゃふつ》滅菌するしかない。ただ、今日ではコンタクトレンズのカビ汚染はほとんどなくなったようだ。その理由は、1日だけ使用する使い捨てのコンタクトレンズが普及したからだ。それにしても、レンズの使い捨てとは、ヒトはとんでもないことを考え出すものだ。

窓のサッシと飛行機の燃料タンク

無機素材の例をもう一つ。家の窓のアルミサッシのカビである。冬になると、アルミサッシの表面はびっしりと結露する。今日では、木枠の窓を見るのは文化財並みの古い建物しかない。窓枠といえば、アルミサッシだ。窓枠が木からアルミに代わっても、暗色のカビが生えている。

窓などのガラスは、近年ペアガラス（複層ガラス）が増えてきた。これは二重のガラスの間に乾燥空気が入っていて、ガラスの表面は結露しにくい。窓枠の目地にも垂れた水滴が溜まらず、カビが生えにくい。窓枠の目地に生えるカビは、ペアガラスにすると半分以下になることを、過去の調査から私も知っていた。ゆえに、わが家の窓をペアガラスにすれば、窓の結露もカビ汚染もすべて解決すると期待していた。

しかし、実際は違っていた。冬になるとペアガラスの窓でも、ガラスの表面はやはり結露するし、サッシの表面も毎日のように結露した。全面が汗をかいたようになり、レールに垂れてきた。窓枠の目地だけでなく、サッシの表面にも黒いカビが生えてきた。生えてきたのは、クロカビやコクショクコウボだった。さっそく、メーカーに問い合わせたが、回答は、私のような理系の研究者を沈黙させる一言だった。

「今のところ、サッシの結露を抑える技術は確立されていません」と。これではどうしようもない。仕方なく雑巾《ぞうきん》で乾拭《からぶ》き掃除をしてみたら、サッシの表面のカビは取れた。また、サッシに腐食が起きていることは、今のところ確認されていない。

アルミニウムにカビが生えるのはサッシばかりではないようだ。カビによる金属腐食を研究している井上真由美《いのうえまゆみ》氏は、アルミはカビによる腐食を受けやすい素材だと述べている。そして、航空機の燃料タンクに使うアルミ合金に、カビによる腐食孔ができた実験例を紹介している。

カビによる腐食について誰もが驚くことは、水分を特に好むカビが、燃料油に含まれる物質を栄養源にして生育することである。クロカビの1種（クラドスポリウム（C）レジネ）は航空燃料に含まれる有機物を分解できることが知られている。このカビは、燃料に含まれるごく少量の水滴と有機物の境界面に生育して、燃料システムのゴムやプラスチック部分に損傷を与える。さらに、このカビは酸性物質を分泌して、燃料タンクのアルミ合金も腐食させる。その結果、燃料漏れが起きることもあるという。

このような被害は、1960年代に顕在化して、多くの米国の軍用・民間用航空機で確認された。また、日本の国産飛行機YS－11のタンク内でも、Cレジネのコロニーとともに、広範囲のアルミの腐食が見つかった。燃料タンクのカビの原因は、意外なところに発生した水分の塊だった。その対策として、氷結防止剤がカビの生育を抑えることがわかり、燃料に添加されるようになった。これは今日のジェット燃料の標準構成物になっている。

なお、自動車では、燃料タンクに結露水が溜まっても、このようなカビ被害は起きない。理由は、自動車のタンクの材質がアルミではなく、鉄などだからだ。ただ鉄の場合は、さびる可能性があるという。

吹奏楽器とカビ

身近な無機物と言えば、楽器がある。楽器に生えるカビと言うと、読者の皆さんはどんなカビを思い浮かべるであろうか。

弦楽器や管楽器を使わずに保管していたところ、しばらくしてケースを開けた時にカビ臭がし、楽器の表面にもケースの内側にも白っぽいカビの生えていることがある。これらの多くは、少量の水分があれば生えるカワキコウジカビやAレストリクタスのような好乾性カビだ。暗く、古びて、ホコリの積もったようなところに生える陰気なカビである。

私は吹奏楽器のカビについて調査したことがある。多く見つかったのは好湿性カビだった。台所のシンクなどの湿った所に生えるカビとよく似た性質だ。カラフルなカビで、成長も遅くない。活発に生育している証拠に、しばしば強烈なにおいを放つ。

調査のきっかけは、2016年夏にカビ汚染していたバグパイプで、英国のバグパイプの演奏者がアレルギー性疾患を発症して死亡したというニュースだった。アレルギー疾患を患っていたその奏者は、しばらく外国旅行に出かけた。その間はバグパイプを演奏しなかったが、発症しなかったので病気は回復したと思われた。しかし、帰国後、再びバグパイプを演奏したら、病気が再発して死に至ったという。

バグパイプの主な材質は革で管楽器とは異なるが、内部が湿っている点は共通している。管楽器にもカビ汚染があるのではないかと、私は疑いを持った。海外の文献を調べてみると、サクソフォンやトロンボーンの演奏者が、楽器の汚染カビによって過敏性肺炎を発症したという報告があった。ただ、いずれも医学的な症例報告で、カビと楽器の関係について取り組んだ研究はない。調べてみる価値がありそうだ、と思った。

今日の日本の中高生にとって、吹奏楽部は最も人気のあるクラブ活動の一つである。私の娘も中学校でホルンを吹いていた。そこで、娘がいつも使っているホルンについて、カビのふき取り調査をしてもらった。楽器のマウスピースなどに、何と1㎠当たり数千個ものフォーマという暗色のカビが見つかったのだ。

試しに最初に調べた楽器から多くのカビが発見されたのである。カビが私を呼んでいる、勇気百倍の結果であった。これに気をよくした私は、本格的な調査に突き進むことにした。後で考えると、娘が金管楽器のホルンを演奏していたのが、私にとって非常に幸運だった。なぜなら、フルートやクラリネットなどの木管楽器であれば、ほとんどカビは検出されなかったはずだ。その時点で本格的な調査を諦めていたことだろう。

多くの楽器を調べなければカビ汚染の全体像はわからない。さっそく、管楽器のサンプル集めに奔走した。京都で学会があった時には、講演の合間に、飛び込みで大学

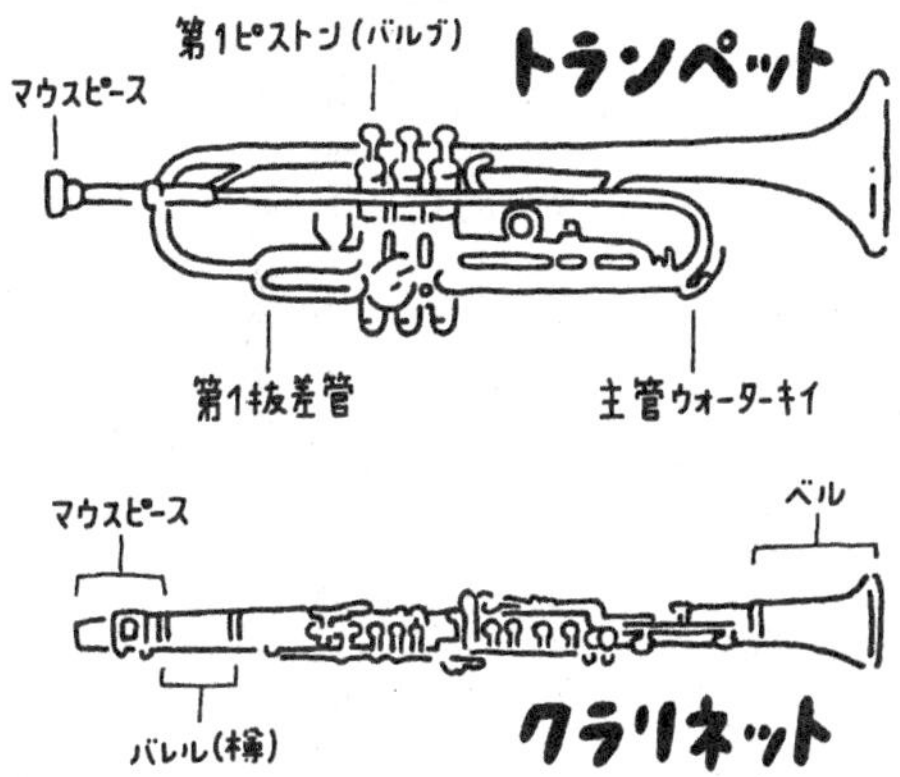

図3-2　吹奏楽器の模式図

のオーケストラのボックスに行った。熱心に練習している学生に頼んで、その場で管楽器のカビの採取を試みた。今考えると、相当怪しい。

ただ、飛び込みでは多数のサンプルを集めるのが難しいこともわかってきた。そこで、友人を通して吹奏楽部の顧問や部長にお願いして、組織的にサンプルを集めることにした。私がサンプル採取のために訪ねた高校は、部員が１００人近くもいた。こんな場合には、多くの楽器のサンプルを一度に集めることができた。パーカッション以外は貴重なサンプルである。練習の合間に集まってくれた部員に、採取の仕方を簡単に説明した。

「管楽器の中で、最もカビの生えそうな、湿っていそうな部分を、ふき取ってください」

木管楽器ならリード、バレルなど、金管楽器なら口を付けるマウスピース、抜差管、ピストンなどだった(図3－2)。中には、湿っていると思えない管楽器の先端のベルの部分を採取した生徒もいた。黙々と思い思いの個所《かしょ》をふき取ってくれた。

木管楽器と金管楽器

管楽器といっても、材質は木製のものと金属製のものとがある。「木管楽器と金管楽器で、どちらの方がカビが生えやすいと思いますか?」と一般の人に聞いてみれば、木管楽器の方が金管楽器よりカビが多いと答える人が多いに違いない。実際の結果は逆で、木管楽器より金管楽器にカビは多く生える。カビが検出された木管楽器は少なかった(表3－1)。

クラリネットは木製であるために保水性がよく、内部がなかなか乾かないと考えられている。また、木管楽器の演奏者は楽器が乾燥することを極度に嫌う。天然の材質である葦《あし》でできたリード部分などは保水性がよいので、よく水を除いている。結果を見ると、これらの部分のカビは意外に少なかった。日頃の手入れによって、木管楽器のカビは抑えられるようだ。木管楽器に共通しているのは、金管楽器に比べて管が短く、その形状も直線的であることだ。そのため、内部に水分が溜まることは少ないの

楽器		サンプル数	平均カビ数(個/㎠)
金管楽器	ユーフォニウム	10	7487.2
	ホルン	21	791.7
	トロンボーン	28	341.6
	トランペット	28	819.7
	チューバ	13	4037.7
小計		100	977.5
木管楽器	サクソフォン	16	73.4
	クラリネット	32	29.1
	フルート	13	13.7
小計		65	34.4

表3-1　吹奏楽器のカビ汚染の比較（上記の他に、バスクラリネットなど４台が木管楽器だった）

だろう。なお、ハーモニカやリコーダーにも唾《つば》が溜まるが、実際には大部分がすぐ外に垂れるので、内部のカビ汚染は少ない。楽器の材質より形状が問題なのだろう。

一方の金管楽器にカビが生えるとは想像しにくいが、トランペットなどの金管楽器に、しばしば桁《けた》違いに多くのカビが検出された。とりわけ低音域を受け持ち、管が太くなっているチューバやユーフォニウムにカビが多かった（表3－1）。1万個／㎠以上の著しいカビ汚染があった楽器は、木管楽器では約2％だったのに対して、金管楽器では20％だった。また、金管楽器のカビ数の平均は、木管楽器の平均の約28倍だった。

金管楽器の場合、ピカピカに光っている管の内側に生えている。トランペットのように管の短いもの、ホルンのように管が細くて長いものから、チューバのように重く、管が長くて太いものまである。いずれも、管が曲がりくねっていて、水分などが内部に溜まりやすいためにカビが多いのだろう。また、大型の金管楽器であるチューバなどは重くて移動が大変である。楽器を手元に置いておけず、ふだんからこまめに掃除することが難しいので、カビが多いと考えられる。

社会人になると、暇な時に気分転換に楽器を吹くこともままならないようだ。立派なマイ楽器もホコリをかぶっている。こんな楽器を集めて、内部を調べたことがある。3カ月間使用していなかった金管楽器では、生きたカビはほとんど検出されなかった。しかし、内部をファイバースコープで観察するとカビの菌糸が見えた。これらの菌糸は死滅している可能性が高い。湿った環境を好むカビが多いから、楽器を使わなければ数カ月程度で内部のカビは死滅する。

金管楽器の場合は、マウスピースを除いて、そのままの形で保管していることが多い。金管楽器には多くの抜差管がある。この一部分だけでも外した状態で保管すれば、内部は乾燥し、カビ汚染を大きく減らすことができるだろう。スライドを外して保管するトロンボーンのカビが比較的少ないのは、その証左といえよう。楽器のメンテナンス業者から、有効なカビ対策を聞かれることがあるが、乾燥が最も有効だと答えている。

乾燥がうまくできない場合のカビ対策は、やはり掃除である。調査によれば、中高生の方が使用楽器のカビが多く、ふだんの掃除を怠る傾向が見られた。演奏後に掃除をしないのは、大学生以上では約29％に対して、中高生では約41％だった。中学生の場合、学校が所有する楽器を使っており、先輩から楽器の内部のカビ汚れも一緒に受け継いでいることを知らないようだ。楽器が汚れで詰まり、音が出なくなる事故はこれまでにもあったはずだ。しかし、内部を掃除することを知らなかった生徒もいた。金管楽器を毎回掃除するといっても、演奏後にスワブという布やガーゼなどで、口元に近い抜差管などを簡単にふき取る程度が多い。それでも、「スワブを毎日かけていると、汚れで詰まることはない」と、メンテナンス業者は言う。

なぜそんなに金管楽器にカビが多いか？

管楽器のカビ汚染の原因として、まず考えられるのが水分と栄養である。水分要因は、演奏中に出る唾と、息に含まれる水蒸気による結露であろう。マウスピースや、管が曲がっている抜差管などに多く溜まっている。金管楽器の演奏者は、演奏の合間にもウォータ―キイという孔《あな》などから溜まった水分を抜いているが、それでも内部に残っているのだろう。楽器の使用頻度が高いほど、内部のカビが多かった。

長く使用した管楽器ほどカビの多い傾向があった。「使っている間に内部に次第に溜まってくる有機物をカビが栄養源にしているのではないか」と、演奏者から指摘された。

「次第に溜まる有機物」とは何か。楽器を演奏しない私には想像できなかったが、口から吹き出すのは、息や唾といった水分だけではないようだ。食事や間食後に口内や歯に付着したものが、演奏中に楽器に付着するという。とくに中学、高校生の場合は、練習時間が非常に長い。その練習時間の合間に、弁当やおやつなどを食べる。おしゃべりをしながらお菓子を楽しそうに食べる姿を想像すると、多少のカビも仕方がないと思ってしまう。

金管楽器にカビ汚染の多い原因は、楽器の管が曲がりくねっていて、湿った栄養源が多く溜まるからであることがはっきりした。予防策としては、楽器を吹く前に歯磨きをするなど、口内を清潔にすることも有効であろう。

これまで、楽器のカビを演奏者はどのように認識していたのだろうか。楽器のメンテナンスの手引書を見ると、カビについて書いてあるものは皆無である。だが、「楽器の汚れ」という表現が出てくることは多い。また、マウスピースの穴の内径が、汚れで狭くなっているのが見えることもある。ホースで水を通しただけで、ヘドロ状の塊がボコッと出てくることもあるそうだ。「木管楽器の汚れは、直ちに音が出ないなど演奏に支障をきたす。しかし、金管楽器は少々汚れていてもそれなりの音は出る。だから、金管楽器の奏者は汚れに無頓着《むとんちゃく》なのではないか」と、メンテナンス業者は言う。

実際に私がふき取り採取したサンプルを調べてみると、汚れは、細菌と酵母とカビと有機物の混合体だった。また、汚れの量の多いサンプルほどカビ数も多い傾向が見られた。そして、生えているカビの種類は、室内に浮遊するカビとはまったく異なるカビだった。ペシロミセス（P）ライラシナスなどが多く検出された（図3－3）。これらのカビが、金管楽器内部の汚れの原因であった。

このPライラシナスというカビは、学名の通りにピンク色から薄紫のライラック色をした美しいコロニーになり、金管楽器の素材である真ちゅう（銅と亜鉛）に対して耐性がある。楽器の表面に緑青《ろくしょう》が発生しても生育できる。このカビの繁殖は今に始まったことではなく、世界共通のことと考えられる。

調査する過程で、演奏者から、「管楽器の内部にカビが生えていても、健康上なんら問題ないのではないか。管楽器を演奏する時は息を吹き出すのであり、内部で発生したカビを吸い込むことによって演奏者に被害が及ぶとは考えにくい」という意見をしばしば聞いた。とはいえ、息継ぎは厳密ではなく、連続して演奏する場合は、楽器

図3-3　管楽器の内部を汚染するペシロミセス（P）ライラシナス

内部の空気を吸い込むこともある。

一方で、「演奏中に、楽器から外にカビが吹き出されれば、自分の楽器の分は大丈夫でも、他の楽器のカビを吸い込むことになるのでは」とも尋ねられた。

胞子を大量に吸い込んだ場合のアレルギー疾患などについて注意する必要があるだろう。しかし、金管楽器によく見られるカビに、真菌症などの原因菌は含まれていないので、特別の対応が必要であるとは私には思えない。

ただ、管楽器にカビが生えている場合は、汚染個所が息を吸い込む口の近くに位置している。ファイバースコープで観察しても、マウスピースの周辺に確かにカビは多い。この部分は唇が接するので、衛生面からも注意を要する。なお、この部分は最も掃除が簡単であり、殺菌用のアルコールも市販されている。大切な楽器の十分な手入れは、よい音色だけでなく、演奏者の健康にも貢献すると言えよう。

第四章

冷蔵庫・エアコン・洗濯機——家電のカビの今昔

三種の神器

1950年代の後半、当時の庶民のあこがれの的だった家電製品があった。それはテレビと、洗濯機、冷蔵庫で、三種の神器と呼ばれた。テレビというと、今のほとんどの人は、カラーテレビを思い浮かべる。その頃は白黒テレビだった。ちなみに、白黒テレビが実際に普及するのは、1959年の皇太子（明仁上皇）の結婚式の頃である。当時は、「何々ちゃんちでは、テレビを買ったらしいよ」という噂を聞くと、近所の子供たちはこぞって、見せてもらいに行った。当時の子供だけでなく親にとっても、手に入れるのが人生の目標の一つだった。これだけではない。1960年代後半には、新三種の神器が登場した。カラーテレビ、クーラー、自動車であった。これらの耐久消費財の頭文字がいずれもCであることから、3Cとも呼ばれた。

1990年代以前、家電製品のカビ汚染は一般にはほとんど知られていなかった。ところが、30年後の今日では、冷蔵庫・エアコン（クーラー）・洗濯機、水を使用する、あるいは水分が発生するいずれの機器にも、カビ被害はつきものであると多くの人々が思うようになった。カビを見続けてきた私にとってはまさに隔世の感がある。

私自身も当初、これらの家電機器に多くのカビ汚染があるとは、夢にも思わなかった。また、生えているカビも、機器ごとに違うとは知らなかった。いずれの調査も、市民からの苦情や相談から始まったのである。それまで、誰も調査したことがなかったので、自分で調べるしかなかった。一方で、マスコミ受けするカビばかりを研究しているという、菌類の研究者の陰口もあった。私のこれらの研究は、「市民生活に役立つ科学」を標榜《ひょうぼう》する公立の地方研究所に就職してから始めたものだ。住環境のカビについての研究が少なかったので、多くの新しい知識が得られ、目立ったのかもしれない。研究のきっかけを与えてくれた研究所に、今は感謝している。

家電機器のカビ汚染を調べるというと、製品のあら探しをしているように思われることもあった。「メーカーの対策ができてから、汚染について論文発表をすべきではないか」と、メーカーの関係者に言われたものだ。しかし、多くの被害例が報告され、カビ汚染が周知の事実になった。それがメーカーによる真摯《しんし》な対応を促し、新製品の開発や新たな需要の創出に繋《つな》がったと、私は考えている。

本章ではまず、食品に関係がある冷蔵庫と、21世紀になってやっと普及してきた食洗機のカビについて紹介していきたい。定番の洗濯機とエアコンについても述べたい。

冷蔵庫は飲み物を冷やすためだった

日本における家庭用冷蔵庫の歴史は、明治時代以降に登場した氷冷蔵庫から始まった。これは名前は似ているが、電気冷蔵庫とは構造がまったく違う。氷屋さんから毎朝配達される大きな氷を、密封した木製の箱の上部に入れ、下部に飲み物や食品を貯蔵するという様式だ。使用期間も夏の2、3カ月間だけの限定的なものだった。

戦前の1930年に国産電気冷蔵庫の生産が始まった。60年代までは普及率はまだ10%ほどであった。50%を超えるのは60年代半ばである。60年代の白くて大きな電気冷蔵庫は、当時の子供にとっても物珍しく、私は不思議な白い玉手箱のようだと思った。粉末のジュースの素《もと》を井戸水で溶かし、小さな製氷箱で凍らせた氷を浮かべて飲んだ。

友人の家がまだ氷冷蔵庫だった頃、6軒並びの集合住宅の1軒が電気冷蔵庫を買った。近所では大きな話題になったという。ところが、初めてスイッチを入れた途端、集合住宅全体のブレーカーが飛んだ。当時の電気冷蔵庫は、使用電力が大きく、従来の配線では必要量を賄いきれなかった。さっそく、電気工事屋さんがやってきて改良工事を行った。冷蔵庫を買ったお宅は、停電のお詫《わ》びとして、ご近所に自家製の美味《おい》しいシャーベットを配ったそうだ。

60年代までの冷蔵庫は、ものを冷やす道具であった。ビールなどの他、パイナップルやメロンなどの高級果物を冷やして食べるのに重宝だった。一方、買った食品を腐らせない機能は重視されていなかった。当時は、生魚や牛肉、野菜などの傷みやすいものは毎日買いに行ったからだ。あるいは御用聞きが自宅まで届けてくれたからである。食べ残しなどを一時保管するのに使われたが、カビの生えるまで、食品を放置することはほとんどなかった。容量は約100Lと今から見ると小さかった。

70年代は、家庭用の冷凍冷蔵庫が主流になり、冷凍食品が普及し、それらをまとめ買いする習慣が始まった。また、作り置きした料理を、冷蔵庫に保管することも増えた。70年代半ばに低価格の電子レンジが発売され、作り置きした食品を「チン」して食べる習慣も普及していった。また、マイカーの普及は、食料のまとめ買いを容易にし、冷蔵庫の大型化を促進した。調理した料理だけでなく、ご飯もお餅《もち》も冷凍保存するようになった。今日では、3人家族のわが家の冷蔵庫は約400Lである。

食品を汚染する微生物は、温度条件によって異なる。微生物は冷凍すると成長しないが、冷蔵庫の中では成長する。ただ、そのスピードは非常に遅い。常温では、汚染微生物の主役は細菌で、その成長はカビより速い。しかし、冷蔵庫では立場が逆転する。冷蔵庫で繁殖するのはカビである。カビは食中毒の危険性は少ないが、冷蔵庫で見つけたらやはりショックである。

カビ入り氷が出てきた!

冷蔵庫は徐々に普及し、いまや家庭に1台、欠かせない家電の一つとなった。冷たいものを飲むために氷を作るのは、今日でもニーズの多い用途である。冷蔵庫の製氷機も以前に比べて大きく進化した。ところが、２００４年に冷凍冷蔵庫の自動製氷機で作った氷の中にカビが見つかり、世間の注目を浴びた。健康被害が気になったというより、生えた場所の意外性からだろう。もちろん、メーカーにとっても想定外だった。ヒトの油断している心のスキを突くように、カビは生えるようだ。

カビは氷点下では成長しないにもかかわらず、カビの入った氷はなぜできたのか。からくりはこうだ。最近の冷蔵庫は、給水タンクに水を溜《た》めておくだけで、製氷機が自動で大量の氷を作ってくれる。しかし、冷蔵庫の中にもカビは浮遊している。タンクに水道水を溜まったままにしておくと、残留塩素が減ってカビが生えやすくなる。ちなみにミネラルウォーターを使えば美味しい氷が作れるが、カビはもっと生えやすい。

タンクのふたやパイプにもカビは生える。特に見過ごしやすいので注意が必要だ。また、ふたの裏などは洗わない人が多いが、洗わないとカビは成長し続ける。そうしてふたから脱落したカビや給水タンクの中で発生したカビが、氷に埋まって、氷受けに出てくるというわけだ。苦情例はクロカビなどの暗色のカビが多いが、黒くなければ見過ごされることだろう。氷に埋まったカビは成長しないが、１週間ぐらいは死なずに生きている。食品でも水でも、冷蔵庫に長期間放置すれば、カビの餌食《えじき》になることは確かである。

冷蔵庫だけではなく、冷凍庫のドアのパッキンの白い部分にも、暗色のカビがしばしば見られる。とりわけ、大きな冷凍冷蔵庫の目の届かない上のパッキンには、必ずと言ってよいほどカビが生えている。汚染カビの主なものはアオカビとクロカビだが、黒いカビの方がよく目立つ。冷蔵庫であろうと冷凍庫であろうと、パッキンの部分は温度が高いので、結露水が付着していればカビは生える。

冷蔵庫にはカビが飛んでいる

冷蔵庫のドアポケットには、麦茶の冷水ポット、開封した牛乳パック、パックジュースなどが詰め込まれている。いつ買ったものかわからなくなり、ふと中を覗《のぞ》くと容器の中にカビを発見することになる。一度封を切ると、賞味期限内でもカビは生えてくる。賞味期限内なので製造販売者に責任があるはずだと、苦情が舞い込むことがある。だが、あくまでも未開封の状態というのが、賞味期限の前提条件である。冷蔵庫の中でもドアの部分は温度が高く、10℃ぐらいになることさえある。封を切って1カ月も放置すれば、庫内に浮遊したカビが侵入して生えてくる。ドアポケットだけでなく、冷蔵庫に入れたままにしておけば、どんな食品にもカビは生えるのだ。

冷蔵庫で保存していた食品のカビ被害は、アオカビとクロカビが多い。これらの多くは好冷性のカビだ。ちなみに、庫外においてある食品の場合、冬にはやはりアオカビが多く生える。検査のために持ち込まれた保存食品にアオカビが生えている場合は、冷蔵庫に入っていたかどうかを、私はいつも確認していた。

カビが生える食品として思い浮かぶものの一つが、プラスチックのパックに入ったイチゴではないだろうか。イチゴはカビが生えやすい。重ねたイチゴの下段の方は、重みで果汁が染み出し、その部分にハイイロカビがよく発生する。カビを発見してすぐ冷蔵庫に入れても、カビの成長が遅くなるだけで、次第に拡がっていくことに変わりはない。冷蔵庫でカビが死ぬことはないと思った方がよい。

マーガリン類にカビが生えることもある。以前はマーガリンのカビ被害は珍しかった。冷蔵庫に保管せずに食卓にいつも置いていても、めったに生えなかった。近年、マーガリン類のカビ苦情が増加している。なぜならマーガリン類でも、脂肪分にクリームや糖分などを添加したファットスプレッドがよく売られるようになったからだろう。添加する量が増加すれば、カビは生えやすくなる。マーガリンにカビは生えないと思い込んでいる消費者にとって、冷蔵庫に入れていたファットスプレッドのカビ被害は驚きだろう。食べやすく、美味しくなったマーガリン類は、カビが生えやすくなった食品でもある。

チーズの表面は明色であるため、その表面に黒い斑点《はんてん》ができるとよく目立つ。汚染カビはクロカビとアオカビが多い。製造段階でカビ汚染する場合もあるが、消費者が開封した後にカビ汚染する場合も多く見かける。なお、白カビ系でも青カビ系でも、あらかじめ接種したカビ以外のカビがチーズに生えてきたら、やはりカビ汚染である。

今日では、一夜干しのスルメも、沢庵《たくあん》漬けも、マーマレードも冷蔵庫に入れる。以前と同様に食卓に置いておいたりすると、カビが生えてくるからだ。酢漬けについても同様かもしれない。冷蔵することを前提とした保存食品が、私たちの身の回りにあふれている。

以前の塩漬けは今日より塩分が多かった。しかし、単純に保存だけを考えると、冷蔵さえすれば、それほど塩分の力を借りなくても長期保存ができる。そして、保存性より味のよさの方が重視されるようになった。減塩ブームもある。現在市販されている塩漬けは、塩漬け風味の発酵食品と言った方がよいかもしれない。このような食品は冷蔵庫なしでは成り立たない。今日では、糠《ぬか》漬けの糠床も冷蔵庫に入れている家庭が多い。

塩漬けだけではない。砂糖漬けの一つであるジャムの工業製品化は、砂糖が貴重品でなくなった19世紀以降である。日本ではパン食と共にイチゴジャムも普及した。文豪夏目《なつめ》漱石《そうせき》も大のイチゴジャム愛好家として知られている。上質のジャム類は糖分が多く、水分活性（Aw）が0・75以下と低かったのに対して、近年は糖分を控えめにする傾向が強く、Awは0・85程度である。このようなジャムはカビが生えやすく、冷蔵保存は必須《ひっす》である。市販商品の注意書きにも冷蔵庫に保存するように記載されている。

大型の冷蔵装置の開発によって穀物の保存法も変わった。

日本では比較的涼しく、湿度の低い秋に稲を収穫するために、その後の品質保持は難しくない。近年、水分含量を多めに保って食感を損なわないようにするために、穀粒の乾燥をAw0・80程度に留《とど》める工夫がなされている。とりわけ、長期にわたって確実に保管するために、倉庫内の湿度を73〜75％で、温度は5℃に維持されている。コストのかかる貯蔵法である。美味しいお米を供給するためにこれだけの工夫がなされている。

近年の果物の保存も随分手が込んでいる。リンゴ、温州《うんしゅう》ミカン、カキなどの青果物を長期間保存する場合には、表面が乾かないように工夫している。湿度を85％以上に高く保ち、酸素や二酸化炭素まで調整して一定に保とうとしている。また、0〜10℃で微生物の生育を抑え、野菜や果物の自己消化を抑える試みがなされている。

電気冷蔵庫を食品保存庫として使い始めてからわずか50年。もし冷蔵庫がなかったらと想像したらどうだろうか。あまりにも今日の生活とはかけ離れていて、考えるだけ無駄だと言われそうだ。ただ、以前にはなかった習慣が、冷蔵庫によって生まれたことは確かである。

冷凍冷蔵庫が買い溜めを助長してきた。バーゲンセールの商品は、今すぐ食べる予定はなくても、冷凍庫が預かってくれる。以前、わが家が引っ越した時に、前もってはじめた準備の一つに、冷凍庫の中の整理があった。一週間ほど前から、冷凍食品を片付けはじめた。あるわあるわで、積み重なった下からさらにいっぱい出てきた。特売品を買ってきてそのまま忘れていたのだ。

食品の置き場所は基本的に冷蔵庫となった。さらに、常温で保存しても問題のない食品も冷蔵庫に移動した。玉ねぎやニンジン、大根などの根菜も冷蔵庫に鎮座している。食品の腐敗に関する知識もなくなり、保存法も工夫しなくなった。その結果、カビに関する生活の知恵が失われてしまった。今日では、カビが生えてくるのは予期せぬ出来事であり、カビを過剰に恐れるようになったのである。

今日のカビ被害の原因の一つは、冷蔵機能がうまく作動しない事故によるものだ。冷蔵庫の故障は、いつか必ず起きるものだ。また、冷蔵庫の主電源が止まるだけでなく、補助バッテリーもうまく作動しないと、事態は深刻である。２０００年に大阪で起きた黄色ブドウ球菌による食中毒事件は、停電のため冷蔵中の脱脂乳を十分に冷却できなかったのが原因であった。また、2011年の東日本大震災の際には大規模に停電が起き、大量の冷凍水産物が廃棄された。

なぜ高温、乾燥する食洗機にカビが？

冷蔵庫より少し遅れて、日本の台所に導入されたのが食器洗浄機（食洗機）だ。1960年のことだが、なかなか定着しなかった。理由は、落としにくい油汚れの食器が少なかったことと、食器に付いたご飯粒が取りにくかったためのようだ。それ以上に、大量の水や洗剤を使うアメリカ様式が日本人には受け入れられなかった。90年代以降、家事の軽減のためと衛生意識の向上とともに、徐々に普及してきた。日本向きに小型化などの改良が行われ、2019年の普及率は約30％である。

食洗機の気密性の高いキャビネットの内部は、細菌やカビなどの微生物の温床になる可能性がある。しかし、食洗機は使用する水が通常55℃以上と高いため、微生物の生育環境としては浴室とは大きく異なる。さらに食洗機はお湯を使った後すぐに乾燥させる。そのため、内部は殺菌されてカビとは無縁だと考えられてきた。しかし、インターネットでもドアを開けるとカビ臭がするなどの苦情が見られることから、カビ汚染の可能性は否定できない。そもそも食洗機は食器を清潔にする機器である。内部

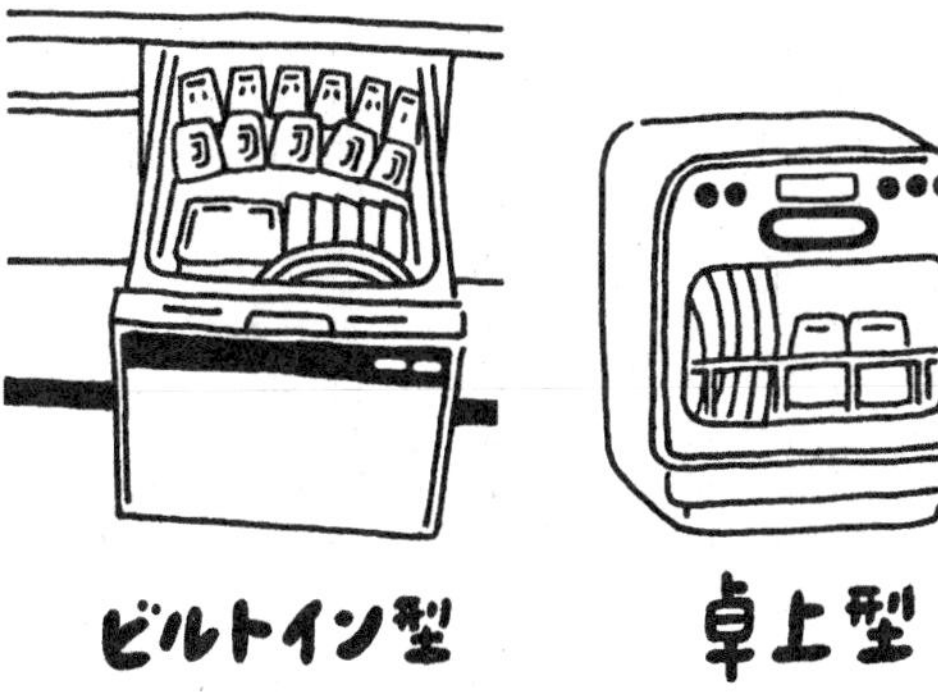

図4-1　ビルトイン型と卓上型の食洗機

がカビで汚染されると、すすぎ水だけでなく、食器にもカビは残るので、その汚染状況は気になるところだ。

２０１０年に欧州の専門誌に、食洗機に健康被害を及ぼす可能性のあるカビが多く検出されたとの研究報告が掲載された。食洗機の欧米における台所での地位は日本とは大きく異なるので、巷《ちまた》でも大きな話題になった。著者のザラーらは、主に欧米の一般家庭の食洗機について、内部に付着しているカビの調査を行った。その結果、日和見《ひよりみ》感染症の原因菌であり、40℃でも生育するエクソフィアラ（Ｅ）デルマチチディスが多くの食洗機で見つかった。このカビは黒い酵母状のカビで、皮膚の表面にも生える好温性カビである。常に熱水が使われている食洗機でも、高温になりにくいパッキンの裏側に生息しており、このカビは殺菌できていないことがわかった。

今日の日本の食洗機の多くは、欧米に多い前開き（プルダウン）式と少し様式が異なる。欧米と同じようなビルトイン型でも、引き出し式のものが多い（図4－1）。プルダウン式は、溜めておいた大量の食器を一度に洗う欧米人の生活スタイルに適合し、引き出し式は、毎日こまめに少量の食器を洗う日本人に向いているという。なお、小型の卓上型は日本特有で、狭い台所でも使えるように工夫されている。

食洗機のカビ汚染は型式で大きく異なる

私の調査の結果、いずれの型でも食洗機にカビ汚染が見られることがわかった。その一方で、カビ数が食洗機の型式によって大きく違うことは驚きであった。欧米の食洗機のドアのパッキンの調査では、Eデルマチチディスが約56％の世帯で見つかったが、私の日本の調査では、その半分の約28％でしか見つからなかった。引き出し式は前開き式に比して、カビは明らかに少なかった。

この原因については次のように考えられる。前開きのプルダウン式では、水漏れしないように付けてあるドアのパッキンの裏側は、水に浸《つか》りやすくカビが生えやすい。また、裏側は十分に高温にならないために、カビは殺菌されにくい。一方、引き出し

サンプル	型	サンプル数	平均カビ数
すすぎ水	ビルトイン（引き出し式）	84	4.2/mℓ
	卓上	49	12.4*/mℓ
パッキン	ビルトイン（引き出し式）	85	3.0/cm²
	卓上	49	14.2*/cm²

*は有意に多いの意

表4-1　日本の食洗機の型ごとのカビ数の比較

式はゴムパッキンの部分が少なく、前開きのように水に浸ることも少ない。日本の食洗機のビルトイン型は、ほとんどが引き出し式だ。少なくとも日本の食洗機の方がカビ汚染は少なく、カビ予防の面からは優れているといえる。ただ、卓上型の食洗機はゴムパッキンの部分が多く、カビも多い（表4−1）。また、洗浄後の内部のたまり水（すすぎ水）のカビ数も同様に多い。ゆえに、卓上型では、カビの生える部分が引き出し式より多く、カビがしばしば繁殖すると考えられる。

Eデルマチチディスは浴室やシンクでも検出されたが、そのカビ数は浴室では平均で1・7個／cm²、シンクで2・7個／cm²だった。それらと比較すると、卓上型のパッキン部分のカビ数は14・2個／cm²と多かった。一方で、食洗機ではEデルマチチディス以外のカビが非常に少ない。つまり食洗機で見られる黒い汚れの大部分がこのカビによるものである。浴室などの水周りに比べて、食洗機はEデルマチチディスにとって有利な生育環境のようだ。このカビは60℃のお湯にも10分間は生存できる。また、界面活性剤を栄養にできることがわかっている。これらの要因が食洗機に生えるカビの種類を決めている。食洗機はカビにとって極限的な環境であるとともに、油断するとEデルマチチディスだけを純粋培養するインキュベータ（孵卵器《ふらん》）になるのだ。文明の利器には、それをあざ笑うかのように意外なカビが住みついている。

エアコンの登場

家電のカビといって筆頭に上がるのがエアコンだろう。エアコンが普及する以前の日本の夏は、開放的な住まいの中に外の風を取り込み、涼をとっていた。焼けた庭には打ち水をし、強い日差しは簾《すだれ》や葦簀《よしず》で遮り、風鈴をつるして涼しい風を待った。夜でも雨戸を閉めず、蚊帳《かや》をつって、少し冷えた外気を入れた。団扇《うちわ》も扇風機もその延長線上にある。それに対して、エアコンは部屋を閉鎖系にして、その内部だけで涼しい空間を作り出した。

エアコンが日本の一般家庭に登場したのは1960年以降である。時代的には食洗機と同年代だ。その普及率は70年には約6％、78年には約30％と急速に増加し、85年には約50％になった。

60年代前半にエアコンのある家庭は珍しかった。たまに近所で買った家のうわさを聞くと、私の母は「あそこの家の子は外で遊ばないから、真夏なのに日焼けもせず、真っ白な顔をしている」と悪口を言っていた。ふすまや障子《しょうじ》を開け放てば、外から涼しい風が入ってくるのに、なぜその風を遮ってまで、室内を冷やす必要があるのか、というのだ。当時の私の田舎では、エアコン悪玉説が蔓延《まんえん》していた。

70年代前半、私は京都で学生生活を送った。ふすまで仕切った4畳半の下宿にエアコンなどあるはずはなかった。その頃は、（ルーム）クーラーと呼んでいた。夏には2階の南向きの部屋は窓を開け放しても、甍《いらか》の上を渡る熱風が入ってきた。たまらなく暑い日は、クーラーのある喫茶店に行ったものだ。進々堂という古い喫茶店はのんびりしていた。店員を呼ばないと飲み物の注文も取りに来ない。店の前を路面電車がゆっくり走り、四角い大きな木製のテーブルと硬い木製の長椅子が並んでいた。テーブルの上に本やノートを広げ、飽きるとその上にかぶさるように居眠りをした。

80年代になって、省エネが可能なインバータエアコンが開発され、エアコンの普及に拍車がかかった。

エアコンのカビ汚染が広く知られるようになったのは90年以降である。エアコンは、冷房に伴って内部の熱交換器に大量の結露が発生し、その周辺にカビ汚染を誘発する。そして、内部で繁殖したカビの胞子が、風によって室内の空気中にまき散らされるのである。

エアコン内部に生息しているのはカビだけではない。送風ファンの横にある電装部には、その周囲よりやや温かく水もあるために、ゴキブリが集まっていることがある。ドレインホースは、繁殖したカビで蛇腹の管が詰まって、排水が逆流することがある。また、ホースが詰まったので開けてみたら、カメムシが一杯出てきたこともあるという。エアコンの内部は独自の生態系を形成している。

エアコンのカビでよく話題になるのは、カーエアコンである。カビ臭のすることが多い。エアコンからの風を近い距離で直接吸うことが、原因の一つである。ただ、この臭いは、タバコによって助長されるとも、新車の内装の臭いに似ているとも言われている。それらの対策として、芳香剤や消臭剤が使われている。

車の中は室内用エアコンのカビ汚染のモデル空間だと、私は思っている。理由は、エアコン以外に水分の供給源がないからだ。カーエアコンの冷房の原理は室内用と同じだが、フィルターはついていない。それでもカーエアコンにはカビが多い。内部でカビの生えているのは、熱交換器の周辺である。エアコン内部のカビは、使用しない夜の間に成長するから、朝一番にかけたときに、吹き出るカビが最も多いことも、私の調査からわかった。カビはタバコ成分を栄養にするため、愛煙家の車のエアコンにはカビが多い。

カーエアコンは、室内用に比してより多様な環境で使用されるので、そのカビは外部の影響を受けやすい。夏の炎天下でも屋根のない駐車場に停めていれば、エアコンの内部は乾いて、カビ数が少ないというデータもある。

エアコン病とカビ被害

エアコンの健康被害が一般に知られるようになったのは、１９８０年代の「冷房病」である。冷房病は、室温を24℃ぐらいに下げ過ぎた場合や、冷房の効いた部屋と暑い屋外との行き来を何回も繰り返すことによって起きる。温度変化が大きいために、環境の変化に対応できなくなる自律神経失調症の一つである。その対策として、ＪＲ東日本では、87年夏から冷房温度を28℃に設定した弱冷房車が導入された。

エアコンによるカビ被害が、専門家の間で問題にされるようになったのは意外に古く、冷房病よりも前のことである。１９７０年代半ばに、「エアコン病」という言葉が呼吸器科の医師の間で使われだした。エアコンのフィルター掃除が不十分で、ここに生えたカビが原因で、肺炎や結核に似た症状が起きると言われた。専門用語では、過敏性肺炎や外因性アレルギー性肺胞炎と呼ばれた。典型的な症状は、入院治療１カ月後に、元のエアコンの部屋に戻ると再発するが、エアコンのない部屋で過ごしたら再発しないという。そんな症例が5年で１００例近くあった（１９７９年5月30日朝日新聞)。また、外国の文献によると、76年に英国で、工場の一部のフロアで呼吸器疾患の患者が集団で発生する事件が起きた。エアコンを交換したら症状が治まったことから、原因としてカビが疑われたことが報告されている。

92年、私たちはエアコンフィルターに溜まったホコリに含まれているカビについて調査を行った。室内塵《じん》の8倍のカビが繁殖していることや、使用頻度とともにカビは増加することなどを学会で発表した。カビ汚染は健康被害を及ぼすとして、新聞やテレビで何回も取り上げられた。それ以降6月になると、私は毎年のようにテレビ局に呼ばれて、「エアコンにはカビが多いので、フィルターの掃除をしましょう」と繰り返し訴えたのである。このようにして、エアコンのカビ汚染は徐々に世間の常識になっていった。

その後、エアコンはさらに普及し、その功罪についても評価に変化が見られるようになった。エアコンが室内の除湿に有効であることなど、室内環境に対するプラスの面も知られるようになった。また、メーカーも、パンフレットなどでエアコンのカビ汚染について紹介し、その対策に積極的に乗り出した。

2020年代の今日では、夏の室内環境は、エアコンの影響を無視して語ることはできない。大阪などでは、ヒートアイランド現象で熱帯夜が続くので、エアコンは生活必需品である。とりわけ、お年寄りの熱中症対策において、エアコンは必須アイテムになっている。今日、地球温暖化の危険性が高まる中で、健康を守る面からも、その必要性はますます高まるだろう。

エアコンのカビの予防策

エアコンのカビ予防策として、ユーザーのできる主なものは2つある。一つは、エアコンからのカビの放出はスイッチを入れた直後に多く、次第に減少する。ゆえに、スイッチを入れると同時に5分間程度窓を開けて、カビを屋外に追い出すことである。これは、カーエアコンの場合も同様である。もっとも、熱く焼けた車内を冷やすには、エアコンをつける前に窓を開けるのは当然であろう。

もう一つは、もちろんエアコンのフィルター掃除である。エアコン内部の本体部分とは違って、フィルターだけはユーザーでも取り外して洗うことができる。エアコンのカビはフィルターが中心で、ここを掃除すれば大丈夫と私も以前は信じていた。フィルターに溜まった大量のホコリからカビ汚染を連想したのだ。しかし実際にはフィルターにもカビは多いが、それはエアコン全体のカビのごく一部である。私が実験してみると、フィルターを掃除した後にエアコンをつけても、放出されるカビ数があまり減らないことがしばしばあった。そのためフィルター以外の部分のカビ汚染についても疑わざるを得なくなったのである。

その後、内部のカビ汚染の分布を知るために、ふき取り調査を行った。カビが最も多かったのは送風ファンの羽根で、それに続いて多かったのは、冷気が出てくる吹き出し口だった。なぜこれまでこれらの部分のカビが軽視されたか。内部の送風ファンなどの金属やプラスチック素材の表面に直接カビが生えるとは、考えにくかったのであろう。ただ、空気を冷やす熱交換器の表面は、発生した結露水が溜まらず流れ落ちていくために、カビは比較的少なかった。こうして、内部のカビの汚染状況が明らかになった。エアコン内部はどこも濡《ぬ》れているので、カビは内部のあらゆる部分に生えている。

ヒトと進化するエアコン

エアコンの掃除サービスの営業は1991年から始まり、今日ではかなり普及した。決して安価ではないが、その有効性を認めている人が多いのであろう。エアコン内部は複雑な構造で、自分で掃除するのは故障の原因になる。世帯当たりのエアコンの台数が3台前後になり、掃除サービスも効率よくできるようになった。90年代に、エアコンのカビが知られるようになってから、積極的にカビ対策を謳《うた》ったエアコンの新製品が販売されるようになった。それ以降、ヒトとカビの知恵比べが続いている。

エアコンは今やひとり1台の時代だ。これだけ増えるとフィルター掃除も大変である。フィルターを自動的に掃除する機種が、この10年で登場し増加してきた。自動掃除機能とは、一定時間ごとにフィルターの上をヘラ状のものがスライドして、表面のホコリを取り除いてダストボックスに集める仕組みだ。定期的に付着したホコリを除去するのは、カビ予防に一定の効果がある。機械の持つ勤勉さと忠実さは、ユーザーによる不定期の掃除より信頼できる。ただ、ダストボックスの掃除を忘れる人が多く、そこからホコリがあふれているのをよく見かける。ダストボックスの自動掃除装置も必要なようだ。

エアコンにカビ対策の機能はこれまでいろいろあったが、実は期待外れの連続だった。たとえば、新品のフィルターには防カビ剤が添加してあるが、効果のある期間はせいぜいひと夏である。また、通常のフィルター以外に、空気清浄フィルターを装備した機種が売り出された。だが、清浄フィルターを掃除するのが煩わしく、その上にカビが生えている例も見られた。さらに、内部の結露水を減らすための、使用停止後に温風を吹き出す機能は、省エネ志向のためにあまり使用されなかった。カビは、ユーザーの掃除の手抜きや省エネ志向を味方につけて、これまでに施された防カビ対策を無力化してきたように思える。

ショッキングな洗濯機のカビ汚染

カビと家電の章の最後に全自動洗濯機（以下、全自動または洗濯機）を紹介したい。洗濯機は上から見ても、前や横から見ても清潔感を放っている。洗濯物を入れるために、ふたを開けても見える部分は美しく輝いている。にもかかわらず、その裏側は、しばしば著しいカビ汚染が見られる。脱水槽（回転槽）の見える部分とその反対側では、その落差があまりにも大きい。全自動は、脱水槽と洗濯槽の間が乾きにくい構造になっているので、その部分にカビが繁殖するのである。

全自動が2槽式洗濯機に代わって普及したのは、1980年代の後半である。そして、92年には「洗濯槽クリーナー」が日本生協連から売り出された。全自動が普及してからわずか5年程で洗濯槽クリーナーも登場したのである。成分は過硫酸カリウムで、水に溶けて酸素の泡を出し、クロカビとともに石けんカスをも分解すると謳った。なお、現在の酸素系漂白剤である過炭酸ナトリウムとは成分が少し異なる。発売した年の7月には5万個余りも売れたという。その後、いくつかのメーカーも後追いした。

93年4月の日経新聞には、

「東芝が抗菌剤を配合したプラスチックを洗濯槽（＝脱水槽の意）に使った製品を開発、日立製作所はカビを寄せ付けないステンレスを洗濯槽に用いるなど、各社独自のノウハウでカビ対策に取り組んでいる」

との記事も見られ、内部のカビ汚染は、専門家によく知られていた。

98年3月の読売新聞には、「全自動洗濯機から出る黒い汚れ」「正体はカビ」との見出しの記事も掲載された。洗濯した時に、洗濯槽から浮いて出てくる汚れがカビであること、一方で、出てくるのは、洗濯物の汚れや洗剤カスもあることも書かれている。それでも、洗濯機のカビはテレビなどで大きく取り上げられなかったためか、一般に周知の事実とはならなかったようだ。何かのきっかけが必要だった。

２００２年5月朝日新聞に、「アトピーの犯人　洗濯機のカビ」「水1ミリリットルに胞子４０００個超も」といった見出しで、私の調査結果の記事が掲載された。私は洗濯機のカビの実態調査のために、知人などに依頼して、洗濯中の洗濯水やすすぎ水を採取してもらった。洗濯水やすすぎ水を培養すると、しばしば数えきれないほどの暗色のカビがシャーレに生えてきた。洗濯水1ml当たりに平均61・0個ものカビの胞子が含まれていたのである。

洗濯機のカビ汚染の衝撃は、地下に溜まったマグマが爆発するように一気に拡がった。市民の問い合わせで、研究所の電話は朝から鳴り続けた。東京からワイドショウの女性レポーターがマイクを持ってやって来た。スーパーマーケットの洗濯槽クリーナーの棚には新聞の切り抜きが張られ、棚に並んだ商品はすぐ売り切れになり、メーカーも増産態勢に入った。

いくつかの女性週刊誌でも、大きく取り上げられた。表紙には芸能のゴシップ記事の見出しとともに、「洗濯機のカビ」の字が黒地に白抜きで躍った。内部の記事も数ページにわたり、「カビに驚く主婦」の写真とともに、私の研究結果が図入りで紹介された。週刊誌に図が載った研究者はめったにいないと、今でも私はその週刊誌を大切に保存している。このときばかりは、私は世界の中心にいるのではないかと、本気で思うほどのめまぐるしさだった。

テレビでモザイクまでかけられたカビ

全自動洗濯機のカビは早くから知られていたが、その健康影響については明らかではなかった。その点がエアコンのカビと異なる。

私が洗濯機内部のカビ汚染調査を行ったきっかけは、皮膚科の医師からの相談であった。彼の同僚の子供のアレルギー性皮膚炎が、洗濯機を新しく買い替えたら治った、カビが関係しているのか調べてほしい、という依頼がきっかけだった。マスコミが洗濯機のカビを大きく取り上げたのは、健康被害への危惧《きぐ》だったことは間違いない。それを科学的に証明するために、私は洗濯機のカビのアレルゲンの抽出を試みたのである。洗濯機に多いカビを分離して、液体培地の入った大きなガラスの培養器で数カ月も培養を行った。しかし、この試みはうまくいかず、洗濯機のカビがアレルギーの原因であることの証明はできなかった。

一方で、洗濯機内部のカビによる汚れは、想像以上だった。洗濯機を分解してみると、買ってから半年しか経っていない脱水槽の裏側にも、黒いカビの膜が広くできていた。どの洗濯機にも、脱水槽に暗色のヘドロ状の汚れがべっとり付いていた。内部に生えるカビは、なぜか菌糸の黒いものばかりだ。また、脱水槽の暗色の汚れは、生育しているカビ数と比例している。その汚れがどの洗濯機にも見られることから、内部でカビが繁殖していることは間違いない。

洗濯機内部にべったりと張り付いたカビは、あまりのインパクトで、テレビの映像ではカビで真っ黒な部分はボカシがかかっていた。これだけ生えていれば、かなりのカビ臭がしたはずなのに、それが不思議でならなかった。きれいにするための洗濯機に、不潔の象徴のようなカビが生えていたことは、ユーザーにとって大きなショックであった。潔癖症にさえ思える現代人ならではの反応であった。

なお、洗濯を熱水や温水で行う欧米では洗濯機内部のカビは加熱殺菌されるので、カビ被害はない。ゆえに、カビ被害は冷水で洗濯する国で起きる。カビ対策が必要なのは他のアジアの国も同様らしい。韓国や中国でも洗濯槽クリーナーがよく売れるという。私は韓国のテレビのニュース番組に国際電話で出演したことがある。韓国人のアナウンサーが、日本語で私に一つだけ質問した。「洗濯機にカビは多いですか？」。

私は「多いです」と日本語で答えた。

洗濯機のカビの原因については、粉せっけん原因説が1980年代から流布していた。92年9月26日の日経新聞では、

「黒かびはせっけんカスや洗剤の溶け残りが原因で発生し、全自動洗濯機で一槽式の場合、脱水すると逆流して衣服のシミになってしまうという。（中略）特に粉せっけんはせっけんカスがたまりやすく（カビが）発生しやすいが、ときどき合成洗剤に変えるとカビの進行を抑えることができるという」

と書かれている。粉せっけんもカビの栄養になるのは事実だが、濡《ぬ》れ衣《ぎぬ》であった。カビ被害のある洗濯機の多くは合成洗剤を使っており、合成洗剤もカビの栄養になるのである。

その中で、2001年には、大手メーカーによる「洗剤のいらない洗濯機」という商品が発売された。水を電気分解して発生する活性酸素で、汚れを分解しようとする製品だった。結局は、洗浄力が洗剤を使用した場合より劣るということで、下火になってしまった。しかし、洗剤なしでもそれなりにきれいになるという着想は、独創的で大いに評価できると思う。

近年、洗剤に除カビ効果のある成分が添加されるようになった。以前は、洗濯水を

採取してから2日ほど放置してもカビは死ななかった。今日では、半日ほど放置するとほとんどのカビが死ぬようになった。これは洗剤メーカーによる洗濯機のカビ対策の一つと思われる。ただ、採取した洗濯水を放置せずに培地にすぐ移植すると、何事もなかったようにカビは成長した。少々の薬剤に負けないカビのしぶとさを改めて知ったのである。

洗濯機の内部にカビが繁殖すると、それを除くのは容易ではない。脱水槽の裏側に生えたカビは、洗濯槽クリーナーでも簡単には落ちてこない。乾くと膜状になって、少しずつい つ果てるともなく剝《は》がれてくる。そして、カサブタ状の汚れとして洗濯物に付着する。できるものなら、脱水槽の裏側にブラシを突っ込んで、ごしごし擦《こす》り落としたい衝動に駆られる。このようなカビ被害は、15年以上前から広く知られているし、多くの人が対策を研究している。しかしながら、有効な対策は見つけられないまま今日に至っている。対策を発明したらノーベル賞は無理でも、億万長者は間違いない。もっとも、そんな特効薬を期待するより、日々洗濯機の内部の乾燥を心がける方が現実的だと、私は考えている。

乾燥機付きの洗濯機でも……

2000年代前半以降、メーカーは洗濯機内部にカビ汚染があることをカタログでになった。

も紹介するようになった。そして、その対策を施した洗濯機の新製品を販売するようになった。

２０００年代になってドラム式洗濯乾燥機が発売され、普及するようになった。洗濯・脱水した後に、ヒーターが作動して乾燥まで行うのである。部屋干しがごく普通に行われるなど、生活スタイルの変化とともに次第に定着するようになった。さらに、２０１０年代になって、脱水槽と洗濯槽の間にシャワーが出て、その両側の汚れが洗い流される「自動お掃除」装置を付加した機種も登場した。

しかし、これらのカビ予防の新機能も、省エネや煩雑さのために実際にはあまり利用されていない。洗濯乾燥機であっても、洗濯だけに利用している家庭が多いのではないだろうか。乾燥機能は雨の日にしか使わないという話もよく聞く。今日でも、多くの日本人は天日干しが最高の衣類乾燥法と思っている。私の調査結果によると、乾燥機能をよく用いる洗濯乾燥機ではカビは少ないが、乾燥機能をあまり用いない場合のカビ数は、全自動のカビ数と同程度だった。洗濯乾燥機は、乾燥機能を使用してこそカビ汚染を抑制できる。節電や省エネとカビ汚染はしばしば相反する関係にある。ユーザーはカビ汚染を増やすように常に行動していると、私には思えるのである。

洗濯機の掃除サービスは、いくつかの会社で今日でも行われている。しかし、エアコンのようには普及していない。その理由は、掃除サービスは安価でなく、多くの洗濯槽クリーナーが安価で市販されているからだ。自分で掃除しようと思うユーザーが多いのであろう。また、エアコンのように何台もあるものではないので、掃除サービスをする方も売り込みに熱心ではないようだ。

技術的には、エアコンも洗濯機も、内部の乾燥と定期的な掃除によって、カビ汚染を抑制できる。しかし、その手間も費用も必要なので、大多数のユーザーがするようになるとは思えない。一方、新製品に付加されたさまざまな防カビや乾燥機能がうまく作用するか否かを判断するには、これからの推移を待つしかない。健康をめぐるカビとヒトとの闘いは、ヒトの生活様式や価値観も絡んだ、両者の知恵比べと言ってよいだろう。

第五章

カビ対策——一に乾燥、二に乾燥

干し竿のシーツは風を呑み込んで飛行船のように膨らむ　山下洋

(『オリオンの横顔』)

住まいとカビ

住まいのカビは住んでいる人の不始末と考える人が多いのではないだろうか。しかし、どんなにこまめに掃除をしても、湿った住宅ではカビ被害に悩まされるものである。住宅のカビ被害が、居住者の住まい方より、立地条件に影響されていることは案外知られていないようだ。カビが生える3要素は、「水分」「栄養」「温度」だが、住宅ではほとんどの場合、水分が最も大きく作用している。湿っている限り、食べかすや付着している汚れを掃除で取り除いても、ごく少量の栄養源がどうしても残るから、カビは必ず生えてくる。だから、住宅のカビ対策の肝は乾燥である。

乾燥のためには換気が有効だ。住まいの最も簡単な換気法は窓開けだろう。私はその効果について調査したことがある。窓を開けた時の、室内に浮遊しているカビ数の変化を測定した。浮遊カビ数は、両側の窓を開けた5分後には、開ける前に比べて38%減少した。ほんの短時間窓を開けておくだけで、室内に浮遊しているカビを屋外に追い出すことができる。また、浮遊カビの多い部屋ほど、窓を開けることによって、カビが著しく減少することも明らかになった。

しかし、片側だけの窓を開けてもう一方を閉めておくと、浮遊カビ数は逆に10%増加した。なぜこうなるかというと、室内の浮遊カビの主な発生源は、床のタタミやカーペットだからだ。外からの風によって床に生えているカビが巻き上げられて、浮遊カビが増えるようだ。

両側の窓を開けても、片側の窓がタンスなどで塞《ふさ》がれていることがよくある。このような場合には、窓を開けても十分な換気効果を期待することはできない。家具の配置を考え、室内に風の通り道を作って、浮遊カビをうまく外に追い出す工夫が必要であろう。この風の道は部屋を横断するのが理想で、入り口のドアを利用してもよい。だが、マンションなどでは難しい場合もあるだろう。そのような場合には、並びの2カ所の窓や換気扇を利用して、U字形の風の道を確保するのがよい。窓が1カ所だけのときは、図5－1のように窓ガラスの両側に隙間を開けよう。風の道が十分機能しているかどうかを知るには、線香の煙で風の流れを調べるのがよいだろう。

室内の床などのカビ対策として挙げられるのは、やはり掃除である。

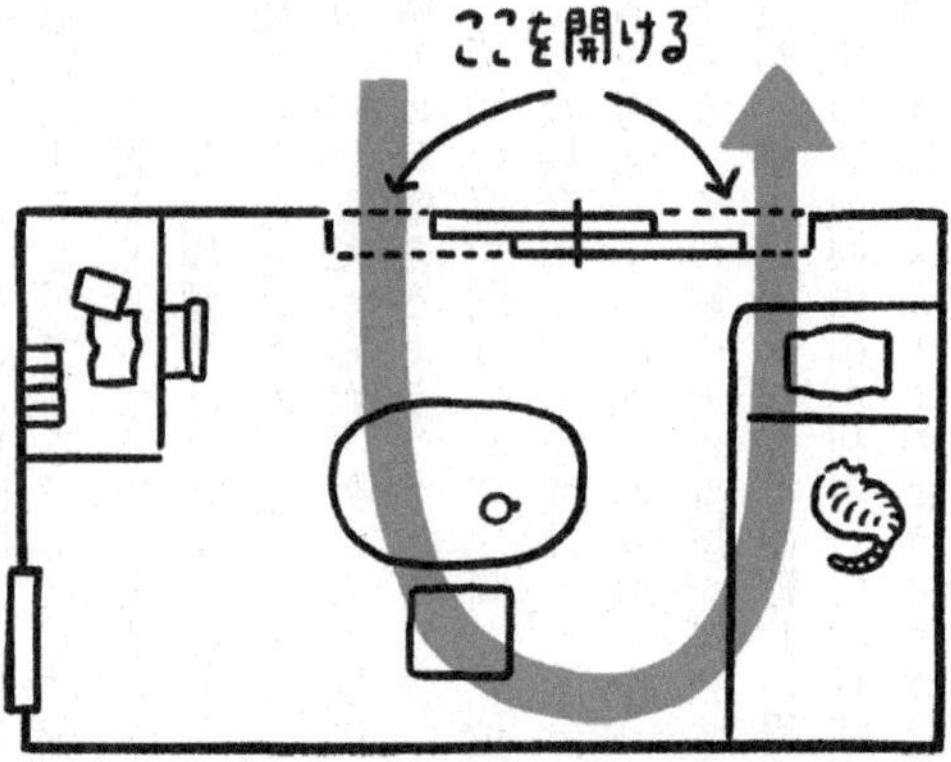

図5-1　窓開けによる室内の風の道

専門家の中には「排気量の多い掃除機で掃除をするのは、カビを室内に舞い上げているだけだ」と言う人もいる。また、サイクロン掃除機など排気量の少ない掃除機で掃除をすれば、掃除中も窓を開けなくてすむという人もいる。掃除中に外からの風で床のホコリが舞い上がらないように、窓開けは掃除後にしようというのだ。

私はそう思わない。締め切った部屋で風を起こせば、大なり小なり床のホコリやカビは舞い上がるだろう。だが、窓を開けて掃除すれば、微粒子がゴミパックを素通りしても、床のカビが掃除機の作り出した風で舞い上がっても、すべて屋外に追い出すことができる。掃除をする前に、まず両側の窓を開けるのは当然だと思う。

とりわけ、近年は1μm（ミクロン）以下のごく微小な粒子も捕集できるちょっと高価な掃除機が販売されている。この掃除機は、細菌、カビはもとより、PM2・5なども捕集できる。ただ注意してほしいのは、この掃除機の高機能を維持するためには、フィルターの部分などをこまめに掃除する必要があることだ。メンテナンスに心掛けないと、素晴らしい機能が十分発揮できず、宝の持ち腐れになってしまう。

カビ被害の多い寝室

次に、家の中を見ていこう。住宅の中でカビ被害の多いところはどこかご存じだろうか。寝室である。原因の一つは、室温の上がりにくい北側に一般的に配置されていることと。また、居住者が寝ている間の状況をよく理解していないというのもあるかもしれない。寝るのはたいてい夜であり、寝ている間は、寝る前より室温は低くなり、結露しやすくなる。さらに、ヒトは就寝中に一晩で1L以上の水分を体から発散している。そのため寝室は湿りやすいのである。

その上、「乾燥すると喉《のど》が渇いて風邪をひきやすい」と言って、加湿器をつけて寝る人も多い。これは私から見れば、カビに「どうか生えてください」と言っているようなものだ。せめて、近年の住宅によく設置してある、窓開けなしで換気できる24時間強制換気の機能を利用してほしい。就寝時には寝室の窓や扉は閉じても、室内の換気だけは十分心がけたい。

ベッドは、1950年代以降に次第に普及した。今日では、日本人の約1/3がベッドを使用している。ベッドは、使ったフトンをたたんで押し入れに収納するという日本の習慣とは相反するものであった。押し入れはふつう風通しが悪く、フトンに吸収された湿気がいつまでもこもって乾きにくい。一方、ベッドはフトンをいつも敷いたままの、いわば〝西洋万年床〟だが、日本の万年床より敷布団の下の通気性がはるかによい。ベッドは、フトンの乾燥という面からみると〝優れもの〟と言えるだろう。

浴室と乾燥

住宅のカビといって寝室以上に真っ先に思い浮かぶのは浴室だろう。実は浴室に限らず伝統的に日本の住宅は開放的で、浴室についても換気の心配をする必要がなかった。大きな窓があるので換気扇は不要だと思われていたのだ。

しかし、住宅の気密性が高くなり窓が小さくなると、窓だけでは浴室の湿気を追い出すことはできなくなった。そこで取り入れられたのが、強制的な換気システムである換気扇だ。換気扇は、浴室を乾燥させる小さな巨人である。

換気扇の普及は70年以降で、私の調査によると、90年代末から10年間でその使用時間は4倍になり、その後も次第に増加している。浴室の換気に関する意識が高まったことが見て取れる。

にもかかわらず、近年でも浴室のカビ苦情は多く、私の許《もと》にもさまざまな相談が寄せられる。減ってきたとは実感できない。それでも、日本人の潔癖症とも思える清潔感に支えられて、30年間の私の取ったデータを見る限り、浴室のカビは確実に減少しており、$\frac{1}{10}$以下になった。

かつて、日本の浴室にカビが多い理由として、天井が高く掃除しにくい点が挙げられていた。浴室は足元が滑りやすく、上部を掃除するのは重労働でかつ危険だ。風呂掃除といっても浴槽や床を掃除するだけで、天井まで手が届かなかったため、カビ汚染が天井から拡がった。ユニットバスの普及に伴って、やっと天井に手が届くようになり、カビが減少したのである。

浴室のカビの特徴はほとんどが黒いことで、カビが生えているかどうかは見ればわかる。生えていない場合の掃除は、カビの栄養である石鹸《せっけん》やシャンプーを洗い流して乾燥させれば十分である。カビで汚れた部分が見つかったら、そこをごしごしと物理的に掃除をするのが最も効果的だ。浴室のどの部分の汚れもこすり取れるように、各々の浴室に適した道具を準備するのがよいだろう。

近年はシャワーも普及していることから、浴室の広い範囲が濡《ぬ》れやすいのではないだろうか。ただ、シャワーだけを使って、浴槽に湯を張らないという話もよく聞くので、以前より浴室が濡れるとは必ずしも言えない。実際、シャワーが主体のヨーロッパの浴室では、湿気量が少なく広く拡散するため、カビ被害はシャワーカーテンなどに限られることが多い。また、浴室は日本よりずいぶん広いからか、カビ被害はより少ないようだ。

乾燥機能のついている浴室が増加しつつある。浴室のカビを予防するには、天井や壁に付着した水分を除去するのが一番なので、浴室乾燥機が有効なのは確かだ。浴室乾燥機で暖めて水分をいち早く蒸発させれば、カビの発生を抑制できる。私が調査したところ、乾燥機能を使用していない浴室に比較して、使用している浴室の壁のカビ数は平均で約1/3だった。ただ、使用時間や頻度はさまざまで、乾燥機能をよく利用する浴室ほどカビの少ない傾向が見られた。

とはいえ、毎日乾ききるまで乾燥機能を使うとなれば、電気代が心配な方もいるかもしれない。実は、乾燥機能は短時間の使用でもカビを減らす効果があり、換気扇だけではなかなか乾かない床さえ乾かすことができる。完全に乾くまでの時間は冬でも1時間程度である。ただ、節電のためか、浴室乾燥機は浴室を暖めるものとしか考えていないからか、冬にしかその機能を使用しない家庭が多い。乾燥機の節電技術は進歩したが、一般にはあまり知られていない。さらに、カビ予防が節電より重視される日はまだまだ遠いかもしれない。

冬のカビ対策

カビ対策には乾燥が肝要だと述べてきたが、冬の窓ほど、乾燥（水分）とカビの関係がよくわかる例はないだろう。

窓のガラスや枠に付着した結露水を除去することが、窓の目地やレールのカビ汚染にどの程度効果があるかについて調査したことがある。毎日結露しても、乾いた雑巾《ぞうきん》でガラスなどを毎日乾拭《からぶ》きする場合、乾拭きしない場合に比べて、目地のカビ数が約$\frac{1}{30}$に抑えられた。窓にできる結露量が多いほど、乾拭き効果も大きいことも明らかになった。

窓ガラスに発生した結露水は室内の水蒸気を集めるから、結露水は多い方がよいという人もいるようだ。他の部分の結露を抑える効果があるし、窓の結露は乾拭きすれば簡単に除けるからだと。確かに、窓ガラスに結露が発生することが住宅のカビ汚染に直接繫《つな》がるわけではないが、あくまでも窓の結露をこまめに乾拭きする場合だけである。何もせず放置すれば結露水が目地からあふれ、窓のまわりの壁や床なども濡れて、カビ被害を招くことになるだろう。

近年、窓の結露対策グッズをよく見かける。ガラスの内側に貼る結露防止シートや結露防止テープ、さらにはスプレーなどが市販されている。例えば、このテープは、結露の多いガラス部分に貼って結露水を吸収し、目地に結露水が溜《た》まったり溢《あふ》れたりするのを防いでくれる。それ自体は適切に使用されれば効果があるのは間違いない。だが、ただ貼って安心というわけではない。長期間貼ったままにしていると、テープの部分に黒いカビが生えることがあるからだ。対策グッズを買うのに熱心な人は多くても、そのメンテナンスに気を配る人は少ないのではないだろうか。

一方で、冬の暖房の使用とカビの関係は、ここ30年間で大きく変化した。30年前には、暖房を使用した場合とほとんど使用しなかった場合とで、カビ数に差は見られなかった。一方、近年の調査では、暖房を毎日使用していると、ほとんど使用しない場合と比較して、カビ数は明らかに少なく約1/3だった。30年前には石油ストーブなどの水蒸気を発生する暖房器具が多く使われ、室内の湿度が高くなっていた。一方、近年は水蒸気が発生しない冷暖房兼用のエアコンが普及し、暖房によって室内は乾燥するようになったと考えられる。冬の住まいは、乾燥のし過ぎにも気を付ける必要があるから、加湿器も手放せないのだ。そんな微妙な時代になっている。この事実からも、カビ対策には適切な乾燥が肝要であることがわかるのではないだろうか。

住居の立地も大切

住居におけるさまざまな乾燥策を紹介したが、そもそも家がどこに建っているかも重要だ。これから家を購入したり、引越しを考えている方は参考にしていただけたらと思う。

傾斜地や窪地《くぼち》に建った住宅は、平地の住宅よりカビの多い傾向がある。傾斜地に建てた家は見晴らしがよい。急な斜面であるほど陽もよく当たるし風通しもよい。しかしながら、裏の山側の壁は濡れやすく、カビ被害に悩む居住者が多いのは事実である。斜面はしばしば地下水の通り道になっており、住宅の山側は日陰になりやすく風通しも悪いので、カビ被害が多く発生してしまうのだ。特に、窓の少ない物置や、浴室、寝室が山側に配置されていると、事態がより悪化する。読者の方も傾斜地の住宅を購入する際、山側の風通しに十分配慮された設計であるかをチェックしてほしい。

傾斜地に限らず、住宅は階数によって湿りやすさが大きく異なる。1階の部屋は2階の部屋に比較してあらゆるものが湿りやすく、カビも明らかに多い。床のホコリ(室内塵《じん》)に含まれるカビ数は、たいてい1階が2階の約5倍にもなる。これは集合住宅でも同様で、上層階ほどカビは少ない。

また、洗濯機でもエアコンでも、1階で使う場合は上層階の場合に比べてカビは多い。1階は上層階より風が通りにくく、湿りやすいのであろう。実際に、1階と2階に湿度計を置いて同時に計ってみると、10％前後も違うことがある。

1階は防犯上窓開けをしにくいが、強制換気システムを含め換気に特に心がけてほしい。なお、扇風機は手軽で一定の効果はあるが、あまり大きな期待をかけるのは無理であろう。

洗濯機と乾燥

さて、住宅以外にカビで気になるのが家電だろう。代表ともいえるのが全自動洗濯機の脱水槽と洗濯槽の間の隙間ではないだろうか。ここはカビのホットスポットである。毎日洗濯している限り、使用時以外の時間もほとんど乾くことがないと言ってよいだろう。そのため、使用開始後わずか1年もたたないうちから、著しいカビ汚染に見舞われることがある。

洗濯機のカビ予防の基本は、いかに脱水槽と洗濯槽の間を乾燥させるかに尽きる。ユーザーにできる対策としては、より乾燥した場所に置くか、使用後に蓋《ふた》を開けておくことだ。設置場所を移動することは簡単ではないが、蓋開けは今日からでもできるので、習慣にしていただくのがよいと思う。〝閉める〟は〝湿る〟に直結することを覚えておいてほしい。

とはいえ、蓋開けも万能ではない。簡単に乾くのは脱水槽の表側だけで、実際にカビの多く生えているその裏側や洗濯槽はなかなか乾燥しないからだ。私は市民相談をしていたときに、ベランダに洗濯機を置いている人から、洗濯後一旦《いったん》は蓋を開けても、鳩が飛んできて糞《ふん》をするのが怖いので、しばらくすると閉めるという話を聞いたことがある。これでは効果も半減してしまう。

そこで心強いのは、洗濯機の乾燥機能だ。ドラム式を含め、乾燥機能付き洗濯機は間違いなくカビ予防に有効である。洗濯物を乾かすだけでなく、洗濯機内部の乾燥にも大いに役立つので活用してほしい。乾燥機能の使用頻度は一般に低く、雨の日にしか使用しないという人が多いようだ。洗濯や脱水に続いて、たとえ短時間でも乾燥もしてほしい。

すでに洗濯機にカビが生えていたらどうするか。生えたシグナルは洗濯中にするカビ臭や浮いてくる暗色の汚れの塊だ。その対処法として、洗濯槽クリーナーが一般的である。含有成分は、次亜塩素酸ナトリウムに界面活性剤を加えたものが多い。次亜塩素酸ナトリウムは生息しているカビに対して、殺菌効果など、大きなダメージを与える。また、界面活性剤は脱水槽の裏側などに付着したカビのコロニーを浮き上がらせ、剝《は》がすのに役立つだろう。カビは両者の相乗効果でより多く脱落するはずである。しかし、一旦大量に生えるとその除去には大変な労力が必要で、完全に除くのは不可能だろう。やはり、新しいうちから日々の乾燥と、3カ月程度ごとの定期的な洗濯槽クリーニングが必要だ。

洗濯槽クリーニングを行う際の注意点を一つ、お伝えしたい。洗濯槽や脱水槽に生えるカビは、洗剤の泡を栄養にしている。その泡は水面より上の部分にも付着するので、カビも水面より上にも多く生えている。それゆえ、洗濯槽クリーナーを使って掃除するには、普段の水面より上の部分まで水を入れて、カビの生えている部分をすべて浸す必要がある。そうしないと、カビのホットスポットを外すことになりかねない。洗濯機のカビ取りは、バケツで水を足して水満タンで行うようにしよう。

最近、洗濯機のカビの除去に酢を用いる〝生活の知恵〟が、しばしば推奨される。ネットで検索しても多くヒットしてくる。しかし、私は懐疑的だ。カビは柑橘《かんきつ》類など酸性の食品によく生えることからわかるように、入れられた酢にカビを殺菌する効果があるとはとても思えないのだ。おまけに、酢の匂いが洗濯機や衣類に残る恐れもある。

衣類の乾燥と除菌

一般に言われているように、細菌はカビより乾燥に弱い傾向が見られる（表5-1）。大腸菌は衣類が湿っている時に死滅せず、衣類の水分がなくなると生存率が急速に低下し、2時間後には1/30にまで減少した。衣類の乾燥が細菌の死滅に貢献すると考えられる。

一方で、カビは熱や乾燥に強いと言われているが、夏の30℃以上の気温条件で干せば、アオカビでも1/3以下に減少する。この結果は、実用面でも重要で、昔から土用の頃に行っていた虫干しの効果を科学的に裏付けていると言えるだろう。

また、乾燥によってカビの仲間である白癬菌《はくせん》（水虫菌）を1/10以下に抑制する効果があることは興味深い。とりわけ、体温条件でも育つ白癬菌にも乾燥が有効であったことから、水虫の治療にも、乾燥を利用できることを示唆している。なお、大腸菌や白癬菌でも、乾燥した1時間後より2時間後の生菌数がさらに少ないことから、より十分な乾燥時間の確保が望まれる。

天日乾燥に関しては、これまでの〝常識〟と異なる結果が得られた（表5－1）。日向《ひなた》と日陰の間で紫外線量は約10倍異なるのに、除菌効果に差がない点は注目に値する。この理由として、紫外線に弱いと思われる大腸菌も、タオルの繊維の隙間に入っている場合、直接紫外線に照射される確率が低いことが考えられる。ズボンなどの多くの衣類にも、紫外線による除菌効果はあまり期待できないかもしれない。

とはいえ、室内干しや日陰干しより日向の方がより早く乾燥するので、それだけでも日向に干すに越したことはないだろう。ただ、洗濯物を干す場合に、日向にこだわ

	乾燥時間（分）	残留水分（%）	生存率		
			大腸菌(細菌)	アオカビ	白癬菌（カビ）
日向 紫外線：2.8〜3.4	0	100	1.00	1.00	1.00
	30	17〜22	0.85	0.83	0.86
	60	-2〜2	0.13	0.37	0.18
	120	-3〜1	0.03	0.29	0.04
日陰 紫外線：0.2〜0.4	0	100	1.00	1.00	1.00
	30	25〜31	0.62	0.88	0.70
	60	-2〜2	0.05	0.35	0.26
	120	-2〜0	0.03	0.27	0.06

天日乾燥は夏の晴天の日(30〜33℃)に、日向とすぐ隣の日陰で行った

表5-1　カビと細菌に対する太陽光の除菌効果

るより、風通しのよいところでより速く乾かす方が、除菌に有効であることが示唆されている。とりわけ、マンションの上層階は風通しがよい場合が多い。こういったところでは、たとえ曇っていてもベランダ干しをするのがよいだろう。

衣類の乾燥では部屋干しがよく話題になる。共働きの世帯が増えているからであろう。部屋干しのポイントは、「閉鎖系での乾燥」である。濡れた衣類から蒸発する水蒸気が、屋外ならすぐ拡散するが、室内ではしばしば飽和する点だ。飽和したままだと、干してある衣類は生乾きの状態が続き、細菌やカビの温床になってしまう。とりわけ部屋干しで問題になるのはカビよりむしろ細菌だ。衣類

に含まれた水分量が、脱水時の50%以上残っていると、夕方には細菌数は数百倍にも増殖する。雑巾のような不快な臭いがすることもあるかもしれない。

テレビなどを見ていると、部屋干しで推奨される方法は、干す洗濯物の間隔を開けることと、扇風機やサーキュレーターを利用して空気を循環させることである。しかし、洗濯物が多い時は、どんなに風を送っても、すぐに室内や洗濯物の周りの水蒸気は飽和するので、それ以上蒸発しない。

室内干しの問題点は、防犯上からも、窓開けをして室内に空気を通すことができないことと、室内における水蒸気の飽和状態が8時間以上も続くことである。その対策の一番手は、強制換気のできる部屋で干すことで、浴室などがそれにあたるだろう。もしそういった部屋があるなら、その機能を十分活用してほしい。

とはいえ、そこでは干すスペースが足りない、と不満を持つ人も多いだろう。そんなときは夏でも冬でもエアコンを利用すればよい。それも、除湿運転ではなく、夏なら冷房運転を勧めたい。なぜなら、除湿運転というのは、冷房と除湿を行いつつ、吹き出す風の速度を抑える運転だからだ。これでは、洗濯物の周りの湿った空気を循環させて洗濯物から蒸発を促すことはできない。エアコン使用の目的は、室内空気の循環と除湿であり、除湿だけではその目的を達成できない。

さて、衣類が干し終わり収納する前に点検してほしいことがある。衣類の汚れと湿り気についてだ。汚れはカビの栄養になるので要注意だ。また、衣類が湿っていると他の衣服へのカビの感染を助長してしまう。しっかり乾かし切ってからしまうことを心がけよう。

今日では、衣替えで衣類や布団を圧縮袋に入れて保管することが多い。こんな場合、衣類などが十分乾燥しておらず、内部に水分が残っていると、カビが著しく増殖することがある。圧縮袋で保管する場合は、衣類などの乾燥を十分に行うと共に、袋の中に乾燥剤を入れるのもよいだろう。

それから、収納するクローゼットや押し入れなどの湿り気にも十分注意したい。押し入れは、入口の両側のふすまを少しずつ開けておくのがよい。また、押し入れは2段になっていることが多いが、下の段は上の段より温度が2℃も低いことがあってより湿りやすい。あまり着ない衣服は、やや湿りにくい押し入れの上段に入れておくのがよいだろう。

私が実践しているのは、デジタルの温湿度計を中に入れておくこと。気になったときに覗《のぞ》いている。中の湿度が80％以上だったら、扉を開けて空気を通すようにしている。

エアコンのカビ対策

エアコンのカビの予防策については前章で述べたので、最新の研究結果を付け加えたい。

これまで、冷房運転によってエアコン内部で結露が発生し、その結露量に比例してカビが増殖するから、冷房時間が長いほどカビは多く吹き出されると思われていた。そのため、エアコンを毎日長時間使用する8月が、吹き出されるカビ数は最も多いと考えられてきた。しかし、エアコンから吹き出されるカビ数を実際に測定してみると、毎日使用する8月より、しばしば使用する7月や9月の方が数倍多かった。

この結果から、冷房の使用時間だけでは、8月に吹き出されるカビが比較的少なく、7月や9月に多いことを説明できない。いったいどういうことだろうか。

私はその理由として以下のように考えている。エアコンの使用によって発生する結露がカビの生育を促すことは確かだ。しかし、冷房中のエアコンの内部はファンの風が通るために、結露水が乾きやすく、カビの生育環境としては好適とは言えない。一方、スイッチを切って風が止まった後は、発生した結露水がなかなか乾かない。つまり、スイッチを切った直後に、カビが最も成長するのではないだろうか。連続運転と比較して、運転と停止をよく切り替える方が、内部の湿った時間が長くなり、カビが増殖するのではないだろうか。その結果、使用する日と使用しない日が混在する7月と9月はエアコン内部の湿った時間が長く、カビが多く吹き出されるのだろう。内部の湿った時間の違いがカビの生育に影響し、吹き出されるカビ数の違いになったと考えられる。

これは、普段でもエアコンをつけっ放しにしている方が、こまめにエアコンを切る場合より吹き出されるカビは少ないことを意味している。ここでも、カビ汚染と節電は相反しているようだ。

これまで見てきたように、住まいのカビ対策の基本は、一にも二にも乾燥である。カビ汚染を予防するためには、風を通し、結露を抑制し、発生した結露をふき取ることなどを、日頃から心がける必要があるだろう。

第六章　石灰岩帯と山火事の後

水回りにいるカビはどこから来たの?

私たちは洗濯機のほか、浴室や台所などの水回りで、洗剤やシャンプーを日常的に使っている。シャンプーを使う浴室でも、食器用洗剤を使う台所でも、さらに洗濯洗剤を使う洗濯機のいずれでも、同じカビが生えていることをご存じだろうか。食品などではまったく見られないオクロコニス属のカビだ。実験をしてみると、このカビは洗剤などに含まれる界面活性剤の一つが大好物であることがわかった。ちなみに、これがわが人生最大の発見である。

私は旅行する度に、日本各地の浴室などからカビを採取し、オクロコニス属の多くの菌株(コロニーのサンプル)の遺伝子を調べた。いずれの株も遺伝子的にもよく一致しており、いずれもオクロコニス(O)フミコーラという種類だった。また、友人に採取してもらったハノイの浴室の株も同様だった。さらに、学会のあったロンドン、ブリュッセルなどヨーロッパ各地のホテルの浴室や、ニューヨーク近郊の一般住宅の水回りからも、Oフミコーラが見つかった(図6-1)。世界の浴室のカビはみんな同じ種類で、いずれも界面活性剤を栄養にしているのである。

私のこれまでの研究テーマの一つは「どのような生理的・生態的に特徴のあるカビ

図6-1　水回りにいるオクロコニス(O) フミコーラ

が、住環境で繁殖しているか?」であったが、それを解明するよい実験材料がOフミコーラだと考えた。界面活性剤が私たちの水回りに登場したのは約50年前のことだ。それ以前、Oフミコーラは野外のどんな環境に生息していたのだろうか。どのような生理的な特性を持ったカビなのか。住まいの水回りに侵入し、繁殖するまでの足取りをたどってみたいと思うようになった。

　私はまず仮説を立てた。住宅の水回りに侵入する以前のOフミコーラは、その特性を十分活《い》かすチャンスは少なく、野や山の片隅で生きていたはずだ。野外の特定の環境では、元気に生息していたのではないか。樹木の葉や草などに付着していたのかもしれない。であれば、野や山の土壌を探すのが一番だ。

私は手当たり次第に、野や山で土のサンプルを採取した。地元の近畿《きんき》地方の里山や郊外の田畑など約30ヵ所の土壌を採取したが、オクロコニス属は見つからなかった。さらに範囲を広げ、長野県や岐阜県の山間部の山道やその周辺、ソバ畑の中やその畦《あぜ》、さらには農道などの土壌を調べた。しかし、Oフミコーラはおろか、オクロコニス属のカビも見つからなかった。

採集を始めてから2年余りが経ち、成果が出ずに気落ちしていたとき、ふと気づいた。浴室のカビは、人工的な環境を好むカビかもしれない。野山の土壌は調べたが、都市部の土壌をまだ調査したことがなかったのだ。灯台下暗し。私が通《かよ》っている自然史博物館のある大阪の長居《ながい》公園を皮切りに、大阪市内の20ばかりの公園からカビの分離を試みた。なんと、これまでの山間部などとはまったく異なり、調査した多くの公園からオクロコニス属のカビが見つかったのだ。大阪でうまくいったのだから、他の都市にもいるかもしれない。北は秋田から、東京、名古屋、京都、岡山、福岡、鹿児島と調査地を九州まで拡げていった。結果、調査した多くの都市公園からオクロコニス属が見つかった。

なぜ野山では見つからないのに、都市部では頻繁に見つかるのだろうか。

仮説は次のようなものだ。郊外の森林土壌は一般に酸性でpH5~6が多い。一方、都市公園の樹皮や土壌の表面は、中性からややアルカリ性が多いと、以前に友人から聞いたことがあった。測定してみると、大阪の都市公園の土のpH値は確かに中性に近かった。各都市間で公園の値を比べてみると、特に東京がアルカリ性に傾いていた。また、郊外の住宅地より、街の中央部のビルディングの多い地域の公園の方が、オクロコニス属は多かった。

都市公園の土壌がアルカリ性に近いのは、道路の舗装に使うアルカリ性であるセメントが自動車のタイヤによって削られ、あるいは鉄筋のビルに使われているセメントが風化して飛散し、公園の土壌などに蓄積しているためだ。都市のどこの土壌もセメントの影響を受けている。その影響の一つがオクロコニス属のカビが繁殖することかもしれない。

そうすると、セメント原料の産地である石灰岩地帯ならば、もっと多くのオクロコニス属が見つかるはずだ。そこで私は山間部でも石灰岩地帯を中心に土壌を調査することにした。

ところで、オクロコニス属のカビだが、これは前著『カビはすごい!』（朝日文庫）では、スコレコバシディウム属になっている。学名（属名）が変更されたのである。読者にとって迷惑なことだが仕方ない。分類学ではよくあることで、「学名を変更するのが分類学者の仕事だ」という研究者もいるくらいだから。

その後私は、多くの石灰岩地帯に出かけた。近場の伊吹《いぶき》山のススキの原や三重県藤《ふじ》原《わら》岳など山道を登りながら土壌を採集した。風化した石灰岩の周りや樹木の根元や草の生えている土壌に、オクロコニス属が生息していた。さらに、東北から九州まで。岩手県岩泉《いわいずみ》、奥多摩《おくたま》日原《にっぱら》、岐阜県郡上八幡《ぐじょうはちまん》、岡山県井倉《いくら》、山口県秋吉台《あきよしだい》、福岡県平尾《ひらお》台《だい》……さまざまな石灰岩地帯の土壌から、多彩なオクロコニス属のカビを見つけた。都市公園よりはるかに多くの種類だった。

この調査で巡った石灰岩地帯は、興味深いことに、どこの景色もどことなく似ている。露出した石灰岩の山は削られ、山の半分がカマボコのように垂直に削り取られているのだ。また、その横には、セメント工場のベルトコンベアーと煙突が並んでいる。周辺の樹々には白っぽい粉が積もっているように見える。のどかな山間部とは少し違う風景に出会う。一方で、石灰岩帯に点在する洞窟《どうくつ》は、観光 鍾乳洞《しょうにゅうどう》として公開されていて、恒久の時が作り出した造形美を鑑賞することができる。

石灰岩帯に好んで生息する菌類や植物は他にいるのだろうか。結構いるのだ。菌類や植物は移動できないので、土壌の影響を受けやすい。だから、石灰岩地帯の土壌では、いくつかの特有の植物が見られるようだ。例えば、野生のビワは、中国の長江《ちょうこう》

（揚子江《ようすこう》）流域や日本の関東以西と四国や九州に見られ、主に石灰岩地帯の崖《がけ》などに生息している。他に、地中海《ちちゅうかい》周辺が原産のオリーブは、石灰岩地帯の貧栄養のガレ地で生息し、乾燥した弱アルカリ性土壌に適応している。その他、世界の珍味としてよく知られているトリュフは、カシやナラなどの根と共生している、地下にできるキノコである。トリュフはヨーロッパの石灰岩のアルカリ土壌を好み、石灰岩地帯の森林でよく見られる。このような事例を参考にすると、オクロコニス属のカビも、石灰岩地帯に特有のカビと言えるだろう。

こうなればオクロコニス属の起源が石灰岩地帯であることは明白だ。都市公園の土壌は、石灰岩地帯のミニチュアであると表現することができるだろう。ただ、都市公園と同様に、調査したいずれの石灰岩地帯でも、0フミコーラと遺伝子的に一致する菌株はまったく見つからなかった。なぜだろう？　0フミコーラはオクロコニス属の中でも、変わり者のカビなのだろうか？

思いがけない発見

野外に生える0フミコーラを探し始めて、約8年の歳月が流れた。そして、私にもやっと運が向いてきた。2014年夏、中国南部の広州市《こうしゅうし》で開かれた国際学会に参加した。広州市は北緯23度。街路樹はガジュマルが多く、太い幹から気根が垂れ下がっていた。民家の庭にはバナナがたわわに実っていた。国際学会といっても、総勢三十数人。過半数は中国人である。私はさっそく広州市の宿泊ホテルの浴室や、大学内や市内の公園で、カビを調査した。するとなんという幸運だろうか。学会の会場である大学の構内の土壌のサンプルから、長年にわたって野外で探し求めていたOフミコーラをようやく見つけたのである。周りは高層のビルに囲まれていて、土壌も弱アルカリ性だった。

Oフミコーラの起源は、亜熱帯地域のアルカリ土壌かもしれない。本州などの冬の野外では生育できなくても、もっと南の地域なら冬の野外でも生育できるであろう。一方、温水をしばしば使う室内の水回りなら、どの地域でも1年を通して生育できるかもしれない。

この後は、すべてプラス思考、イケイケである。北緯23度の広州の公園にOフミコーラが生息しているなら、北緯26度の沖縄県の公園にもOフミコーラが生息しているに違いない。ガジュマルの街路樹は沖縄も共通している。結果はやはりそうだった。那覇《なは》市内の都市公園からも、Oフミコーラを見つけたのだ。さらに、南西諸島は、サンゴ礁でできた島々が多いが、沖縄本島や石垣島《いしがきじま》は多くの部分が石灰岩でできている。そして、本島と石垣島の市街地以外の石灰岩地帯の土壌からも、Oフミコーラを新たに発見したのである（図6-2）。

図6-2　Oフミコーラの野外の分布

この結果から、起源についてどんなことが考えられるだろうか。オクロコニス属は石灰岩地帯、とりわけ亜熱帯の石灰岩地帯を中心に分布していたカビであった。そこで、種分化が起きて、多くの種が誕生したと推測される。そんな中に、アルカリ性土壌でよく育つだけでなく、界面活性剤を栄養にできる種がいたのだろう。そのようなカビの1種が、今日繁栄しているOフミコーラである。亜熱帯の住宅の水回りにまず侵入して、界面活性剤を栄養にして繁栄した。ヒトの活動を通して、温帯の住宅を経てさらに寒い地域の住宅にまで拡がったと考えられる。ただ、Oフミコーラの中で、アルカリ性と界面活性剤の両方を好む性質が生理的にどのように関連しているかは、今なお不明である。

今日、Oフミコーラは世界の水回りで君臨している。界面活性剤が洗剤などに添加されたのは、50年ばかり前である。そして、この分布域の拡大は、それ以降に起きた現代史であり、私はその目撃者になったのである。

美しいカビとの出会い

この10年ばかり、私は前述の通りオクロコニス属のカビを求めて、足しげく石灰岩地帯に通い、その山肌や森林の土壌に生息するカビを調査してきた。石灰岩帯には、水の浸食によってできた大小の鍾乳洞が見られる。洞内の土より、植物の遺骸《いがい》などを多く含む洞外の土の方が、カビが多く生えるのは確かだ。しかし、オクロコニス属のカビは洞内でも見つかるので、鍾乳洞があれば、洞内についてもカビを調べるようになった。すると、洞外では見られない別のユニークなカビがしばしば見つかった。

私が魅せられたのは、束状体(シンネマ)型のペニシリウム(P)コプロフィルムというアオカビの仲間だった。束状体型とは、胞子(分生子《ぶんせいし》)を作る分生子柄が寄り集まって束になり、コロニーが立ち上がったように見えるカビを指す。とても美しいカビだ。

最初に私が見つけたのは、奈良県の小さな鍾乳洞の入口近くの土壌だった。培養す

図6-3　世界で一番美しいカビ、Pブルピニューム

ると、松明《たいまつ》を同心円状に並べた形をしている。松明の炎にあたる部分が青い胞子の塊であった。培養中のシャーレにこのカビを見つけた時は、思わず「やったー」と叫んでしまった。このカビを私に巡り合わせてくれた洞穴に感謝した。その後、岐阜県の関ケ《せきが》原《はら》鍾乳洞で束状体のPコプロフィルムを再び見つけた。

　種類は異なるが、この束状体型のアオカビを見たのは、これが初めてではなかった。初めての出会いは、30年余り前にオーストラリアのアオカビの権威であるピット博士を迎えての講習会であった。その時に見たカビは、アナウサギなどの野生動物の糞に生えるPブルピニュームだった（図6－3）。こちらの方が、前出のPコプロフィルムよりもっと美しい。

同心円状にマッチ棒を並べたように立ち上がったコロニーで、そのカビの株を分けてもらって大切に保存していた。あるイベントで、「世界で一番美しいカビを見よう」という看板を掛けてみたところ、長蛇の列ができたことが忘れられない。

鍾乳洞で束状体型のアオカビを見つけて以降、石灰岩帯に行くと、洞外の土壌の調査をそっちのけにして、どこか近くに洞穴がないものかと探すようになった。

鍾乳洞のコウモリとカビの意外な関係

鍾乳洞は、夏は涼しく冬は暖かい。洞内の気温が年中ほぼ一定なのが特徴である。ただ、これは東北と沖縄の鍾乳洞の気温が同じという意味ではない。各地の鍾乳洞の気温は、その土地の年平均気温に近い。そのせいか、冬の沖縄の鍾乳洞は、暖かいというより少し蒸し暑い。なお、ヨーロッパアルプスの南部は石灰岩でできているが、そのような高山にも多くの鍾乳洞がある。洞内の気温は年平均気温を反映しているので、年中凍っているという。

石灰岩帯や鍾乳洞は日本全国に点在する。私は束状体型のアオカビを訪ねて、北は岩手県の龍泉洞《りゅうせんどう》から、福島県のあぶくま洞、奥多摩の日原鍾乳洞、岐阜県の飛騨《ひだ》大鍾乳洞、岡山県の満奇洞《まきどう》、熊本県の球泉洞《きゅうせんどう》、さらに石垣島の石垣島鍾乳洞まで見て回った。とりわけ、鹿児島県以南の島々の多くは石灰岩でできている。

沖縄は、特に本島の南部は鍾乳洞だらけだ。私が案内された本島の鍾乳洞は、田や畑の下にあった。畑の横の樹の茂みの所に小さな入口があり、つなぎの服を着て這《は》いつくばって中に入ると、突如として眼前が開けてきた。低い天井に無数のコウモリがぶら下がり、眼が合ってドキッとした。洞内のあちこちに糞の山（グアノ）が見られた。中は飛びまわるコウモリたちの楽園だった。

洞穴内のカビの特徴は、洞外の土壌に比べて、カビ数が$\frac{1}{10}$〜$\frac{1}{100}$と少ないことである。その最大の原因は洞内が貧栄養だからだ。光合成をする植物は生育せず、コウモリなど、外部からの有機物の移入に依存する生態系である。ゆえに、洞内のカビに対するコウモリの糞の影響は大きい。

洞穴の束状型のアオカビの場合、前述したように奈良県と岐阜県のカビは同一の種である。そのことが、私には不思議に思えた。洞穴は入り組んだ閉鎖的な空間であり、洞穴群は石灰岩帯ごとに孤立している。ゆえに、洞穴に生息しているコウモリは、その生息域は限られるように思われるからだ。たとえ、このカビがさまざまな種類のコウモリの糞に生えても、石灰岩帯ごとに異なるであろう。

ところが、このカビの分布から見ると、洞穴は閉鎖系というよりは開放系であると思えるのである。鍾乳洞の関係者が言うには、洞内に住み着いているコウモリの多くは、洞内では餌になる虫が不足しているので、鍾乳洞のヒトの知らないような縦の割れ目に沿って、洞外に虫を取りに出ていくという。コウモリやその糞は広範囲で繋《つな》がっているかもしれない。それにしても、奈良県と岐阜県はかなり遠い。だから、コウモリの行動域からはカビが同じであることを説明できない。コウモリ以外の動物についても考えるべきかもしれない。

奈良の鍾乳洞にて

洞穴に生えるカビを求める中で、思わぬトラブルにも遭遇した。

奈良県の鍾乳洞に行った時のことである。9月の小雨の降る金曜日の昼前だった。鍾乳洞は有料で、料金所は山の麓《ふもと》の売店のところにあり、洞穴の入口は山の中腹にあった。私は入洞券を買い、山道を歩いていった。他の客はだれもおらず、また入口のプレハブ小屋の中を覗《のぞ》いてみたが、係員らしき人の姿も見当たらなかった。入口の扉が開いていたので、そこから中に入ることにした。鍾乳洞の通路は人一人とすれ違うのがやっとの幅だ。鉄の手すりや階段に沿って奥の方に進んでいく。10分ほど進んだが、その間、誰ともすれ違うことはなかった。整備された通路を2/3くらいまで、時間にして15分ほどを進んだときだった。突然、バチバチバチ！　という大きな音がして、次の瞬間、洞内の電灯がすべて消えてしまった。辺りは真っ暗となり、大きな静寂が訪れた。

「どうしよう」

文字通り私は固まってしまった。ただ幸運なことが2つあった。一つはこの洞穴がそれほど長くないことだ。もう一つは、電灯は消えたが、足元の緑色の非常灯は点《つ》いていたことだ。

しばらくすると、目が慣れて足元だけは見えるようになった。私は小さい懐中電灯を持っていたが、周りを照らすには十分でなかった。洞穴で怖いのは、鍾乳石がツララのように垂れ下がっていて、チョッと顔を上げた途端に頭をしたたか打ちつけることだ。また、奈落《ならく》も待ち構えているかもしれない。恐る恐る、慎重にゆっくり歩を進めた。とにかく、出口に向かって歩いていくしかない。どんなに足取りが重かったことか。

ようやく、外の光が出口からこぼれてきたのが見えた。電灯が消えてからどのくらい経っただろうか。時間にすればそれほどではなかったかもしれない。しかし私にとってそれは、途方もなく長い時間に感じた。しかし話はここで終わらなかった。なんと、出口の扉が閉まり、がっちりと鍵《かぎ》がかけられていたのだ。

呆然《ぼうぜん》と立ち尽くしていると、だんだん寒さが襲ってきた。気温は10℃以上あったはずだが、洞内は水滴が多く、全身が濡《ぬ》れそぼっており、寒かった。じっとしているのが辛《つら》かった。ここで待っていてもラチが明かない。出口はダメでも、入ってきた入口は開いているに違いない。再び入口まで、四つん這いになりながら戻ろうと固く決意した。なり振りなんかかまっていられない。泥だらけの死に物狂いの行進だった。そうしてやっと入口に着いたが……なんと、いつの間にか入口の扉も鍵がかかっていた。袋のネズミだ。

かくなる上は誰かを呼ぶしかないが、外は雨だ。どれほど声を張り上げても、外に届きそうもない。携帯電話はどうか。案の定、電波の3本棒は一つも立たず。発着信不能であった。それでも諦《あきら》めるわけにはいかない。入口の扉とその周りの壁の隙間に携帯を差し込んで、少しでも洞外に出そうとも試みた。誤って外に落とさないように気を付けながら、アンテナの立つ所がないかと、何度も何度も試した。ふと画面を見ると、扉に向かって右上方で、棒が1本立つところがあった。なんという奇跡！　その位置に置いた携帯で110番した。電話口に向かって、つま先立ちしながら大声で洞穴に閉じ込められている旨を伝えた。警察官は、「管理会社に伝えるからしばらく待つように」と言ってくれた。うれしかった、話が通じたようだ！

待つこと30分、外で人の話す声が聞こえた。

「こんなところに人が閉じ込められるはずがない」

「いたずら電話に違いない」

間もなく、やおら扉が音をたてて開いた。私の姿を発見して、開口一番、

「なぜこんなところに勝手に入っているのだ？」

そうぶっきらぼうに尋ねられた。

扉を開けた初老の男性は、バツが悪いと思ったのか、先に急ぎ足で行ってしまった。私は山道を一人で下って行った。切符売り場に着いた瞬間、これまでと雰囲気が違うことに気づいた。まずは、売り場の女性が温かいコーヒーを入れてくれた。そして入洞券を払い戻してくれるという。まだ、しわくちゃの濡れた入洞券がポケットに入っていた。そして、支配人がやってきて、従業員一同が整列してのお詫《わ》びのお辞儀をされた。テレビニュースでよく見る、どこかの大臣が視察に訪れた時のようだ。最後に、地元の銘菓をいただいた。「このことは内密にお願いします」の一言を添えて。

こうして私の洞穴サバイバルは一件落着した。もう二度と味わいたくないが、洞穴の暗さと静寂と孤独に耐えることが、どんなにつらいかを学んだ。私はコウモリにはなれない。

各地の洞穴のカビ調査

話を洞穴でよく見られるアオカビにもどそう。

東北では、岩手県の北部の安家洞《あっかどう》でも、アオカビの束状体型が見つかったが、本州

中部などに多いカビとは異なるPクラビゲルムであった。まるで菊の花が咲いているようなカビだ。今のところこの種は、洞穴ではここでしか見つかっていない。

形態的特徴や遺伝子解析から、最も多かったのは前述のPコプロフィルムで、9カ所で見つかった。それ以外では、Pグランディコーラが5カ所で見つかった。このカビは、小枝を同心円状に並べたようなコロニーで、全体はブロッコリーの花のように見える。この2種は同じ洞穴から見つかることがあるので、生態的には似た種類であろう。

多く見つかった2種の束状体型のカビは、日本の洞穴における分布を見ると、地元である奈良県などの近畿地方で多く見つかり、他に岐阜県や中国地方などでも見つかった。この2種の分布は似ており、熊本県以南では見つかっていない。なお、これらの2種のカビが検出されたいずれの洞穴でもコウモリの生息歴が確認されていることから、このカビはコウモリの糞との関係が推測されたのである。

驚いたことに、これらの2種はともに旧ユーゴスラビアのスロベニアの洞穴のコウモリなどの糞で見つかったとの報告があり、日本産の株とは遺伝子的にもよく一致していた。コウモリの糞に生える美しいカビは、日本とヨーロッパで同種だったのである。このように閉鎖系で不連続的と思っていた洞穴で、なんと2種ともそれもヨーロッパと繋がったのである。閉鎖系の洞穴を仮定すると謎は絶対に解けない。

なお、ヨーロッパ南部のスロベニアの年平均気温は、約15℃であった。奈良市の約15℃と差はないようだ。ただ、那覇の年平均気温は約23℃なので、沖縄の洞穴で束状体型のアオカビが生息するには気温が高すぎるのであろう。

動物の糞に生えるカビ

２０１７年、岩手大学の学生が、ホームページに糞に生えた束状体型のアオカビの写真を載せた。見つけたのは岩手県中西部の杉林だった。４月中旬ではあるが、５cmほどの積雪の上に糞があった。糞はモモンガのものであった。ちなみにモモンガは、ムササビより小さい、滑空するリスの仲間である。糞の色は真っ黄色で、スギの花粉を食べていたと推測される。アオカビは糞に立てたミニチュアの松明のようだった。その一本をピンセットで採取してから、遺伝子解析を行った。その結果、これまで洞穴で最も多く見つかったＰコプロフィルムと遺伝子が一致した。

この事実は、束状体型のカビに対する私のイメージを大きく転換させるものであった。Ｐコプロフィルムが、洞穴のコウモリの糞に生えるだけでなく、さまざまな環境の野生動物の糞に生えている可能性があることを示していたからだ。洞穴の中だけに生えているカビなら、ヨーロッパと日本が繋がっているのは不思議だが、洞穴外にも生息するカビなら不思議ではない。世界がパッと拡がった瞬間だった。

このカビは栄養分の塊である糞に生育し、さまざまな糞の分布に沿って世界中に拡がっている、そんなように考えるのがよさそうだ。大気圏の空気を媒介にして繋がっているのだろう。そういったカビは多いはずだ。野生動物の糞というのは限られた特殊な環境ではなく、元来はありふれた生育環境なのかもしれない。ただ、洞穴以外の場所は、土地開発などによって減少している。洞穴のコウモリの糞は、束状体型のアオカビにとって最後の砦《とりで》と言えるかもしれない。

大火事とアカパンカビ

10年余り前、前述のように、私は水回りのカビの起源を解明するために、アルカリ性の環境に生息するカビの調査をしていた。アルカリ土壌の一つは石灰岩帯であるが、その他に、手近なアルカリ性の土壌として、焼いた草木灰の積もった野焼きの跡もある。野焼きは現在でもいろいろなところで定期的に行われている。関西で最も有名なのは、奈良・若草山《わかくさやま》の山焼きで、冬にススキ等の原を焼いている。他にも、大阪府高《たか》槻《つき》市の鵜殿《うどの》では淀《よど》川河川敷のヨシ原焼きが行われている。

このような調査の最中《さなか》、ニュースで瀬戸内海《せとないかい》に浮かぶ島々の一つである井島《いしま》（＝石《い》島《しま》）で大規模な山火事が起きたことを知った。規模に違いはあっても、灰によって土壌がアルカリ化する点は共通しているはずだ。さっそく、オクロコニス属のカビを求めて、井島へ土壌のカビ調査に出かけた。井島の山火事は２０１１年8月9日の午後に起きた。火は島の約90％を焼き尽くした。また、１００人余りの島民に対して一時避難勧告まで出た。14日になってようやく鎮火した。

私が井島に初めて行ったのは8月23日だった。鎮火から1週間以上経っていた。岡山駅から宇野《うの》駅に向かい、宇野港から井島の観光用の小型釣り船をチャーターした。わずか15分ほどで島に着いた。海抜１５０ｍばかりの山が海面から顔を出し、花崗岩《かこうがん》質の白い山肌を覆うように多くの樹々が立っていた。島の半分以上の樹々は焦げて黒くなっているか、煤《すす》けて黒くなっており、焦げ臭いニオイが漂っていた。

とても暑かったが、長袖《ながそで》のシャツを着て長靴を履き、汗をふきふき山道を登って行った。細い山道はどこもかしこも灰が積もり、草も灰に覆われていた。歩くごとに細かい灰が舞い上がる。山道の脇の小枝に手を掛けると、上から灰が降ってきた。それでも山の頂からは、小島をちりばめた美しい瀬戸内《せとうち》の海を見渡すことができた。島は静まり返り、人影もない。少し歩くと、向かいの尾根に作業服を着た人たちが見えた。被害の状況を調べるためか測量をしているようだ。人の姿を見て少しホッとし、気を取り直した私は、山の斜面、窪地《くぼち》、尾根といろいろな部分の灰混じりの土を集めながら、4時間ほど島内を歩き回った。

充分な採集ができてほっとしていた。帰りの列車を待っている合間に、駅のトイレで鏡を見ると、なんと全身真っ黒だった。まゆ毛にまで灰が積もっていたので、とりあえず顔を洗った。しかし着替えもなく、シャツもズボンもリュックサックも、どんなに灰を払っても灰のダルマだった。岡山駅からの新幹線では、座席に座る勇気がなく、デッキに立っていた。他の乗客の視線がとても気になった。恥ずかしさを通り越して、ただ茫然《ぼうぜん》としていた。

家に帰って真っ先にしたことは、もちろん入浴である。鼻の穴からも耳の穴からも、真っ黒い灰が出てきた。髪を洗っても洗面器の湯水は真っ黒。洗濯した水はもちろん、着ていたシャツもズボンも、洗濯した後も真っ黒で、もう着られそうになかった。

翌日から、採集してきた土壌サンプルの培養を始めた。そして、2日後にシャーレをのぞき込んだ時、わが目を疑った。すべてのシャーレには、予想外のアカパンカビというカビが充満していたのだ（図6-4）。アカパンカビは成長が非常によく、どんなカビより先に生えるカビだ。目的のカビはおろか、ほかのカビもまったく見当たらない。灰だらけになって採集してきたのに、すべてが水の泡だった。ショックで立ち上がれなかった。このカビが拡散すれば、部屋全体、建物全体がアカパンカビで覆われるかもしれない。培養を始めたばかりのすべてのシャーレを、即刻処分せねばならなかった。

図6-4　研究者にとって最も恐ろしい邪魔者アカパンカビ

島のアカパンカビは一過性でそのうちには消えてなくなるだろう。そう思って、山火事から約50日後の9月末に行ったが、まだダメだった。そして、4カ月後の12月末にも井島へ調査に出かけた。冬には、黒い枝や葉に交じって、緑色の葉も見えるようになった。尾根の脇にまだ積もっている灰の中から、サルトリイバラが一本だけ芽を出し、丸い葉をつけていた。なお、サルトリイバラは地下茎や藷《いも》を作り、火事でも生き残る焼跡植物だそうだ。

井島でアカパンカビがようやく収まったのは、翌年5月の連休に4度目の調査を行った時だった。いずれの採集サンプルからもアカパンカビは検出されなかった。山火事から、すでに9カ月が経っていた。このように4度の調査を重ねたが、当初の目的のオクロコニス属のカビは結局見つからなかった。

アカパンカビは、以前から火と関係があると考えられていた。焚火《たきび》の跡や焼いたトウモロコシの芯《しん》、しばらく使わなかったフライパンからよく生えてくる。以前使っていた炭焼き窯から検出されたとの報告もある。それにしても今回は凄《すさ》まじすぎる。

カビの実験をしている私たちにとって、アカパンカビは最も恐ろしい邪魔者の一つである。このカビが生えてくると、他のカビは生えてこない。おまけに背が高い。フワフワして捉《とら》えどころがない。プラスチック製のシャーレのふたを持ち上げるように、オレンジ色の胞子が顔を出す。このカビの傍若無人ぶりに比べたら、他のカビがどんなに大人しく見えることか。しかし、取り立てて健康被害の原因になるわけではない。

このカビを最も嫌っているのは、培養実験をする微生物の専門家であろう。私もこれまでの人生で、実験の最中に2回ほど、このカビに遭遇したことがある。きっかけははっきりしないが、燎原《りょうげん》の火のように、いくつもの培養中のシャーレに一気に拡がった。しかし、意外なことに、このような大惨事は長くは続かない。汚染したシャーレをすべて処分し、一日かけて実験室全体を消毒すると、いつの間にか消えて、何事もなかったように元に戻るのであるが……。

一方、アカパンカビは実は善玉のカビでもある。

インドネシアでは、アカパンカビを利用して、伝統的な発酵食品を作っている。ピーナッツや大豆の搾りかす（＝おから）を原料にして、オンチョムを作る。アカパンカビを発酵のスターターとして用いているのだ。接種したアカパンカビは、オンチョムの表面をオレンジ色の粉末状の胞子で瞬く間に覆ってしまう。このカビが生えると、他のカビが生えてこないので一定の味が保てるし、保存も利く。アカパンカビはタンパク質の他にデンプンや繊維質の分解能も高い。もちろん、カビ毒も知られていない。

赤くないしパンにも生えない

「アカパンカビ・アオパンカビ・キパンカビ」こんな早口言葉が、私の子ども時代に流行《はや》った。アカパンカビとキパンカビはあるが、アオパンカビという和名のカビは、実際には存在しない。アカパンカビという和名は、英語の呼称である red bread mold の和訳である。なお、アカパンカビはヤケアトカビと呼ばれることもある。

ただアカパンカビという和名は2つの点において誤っている。まず、アカパンカビは決して赤くない。胞子（分生子）はニンジンに含まれるカロチノイドという色素を含んでおり、胞子が多く集まるとオレンジ色に見える。もう一つの誤りは、このカビがパンに生えることは非常に少ないということだ。19世紀半ばにパンから初めて見つかったからそう呼ばれたそうだが、実際とは異なる。食パンなどで見つかる赤い色のカビは、赤い色素を作り、オレンジの色素を作ることはない。ちなみに、アカパンカビと同様にカロチノイドを含んでいるのは、洗面所などでしばしば見かけるオレンジ色の赤色酵母である。

ここでぜひ紹介したいのは、アカパンカビは2種類の胞子を持っているということだ。すなわち、有性世代の有性胞子と無性世代の無性胞子（分生子）の2種類である。そのためアカパンカビは2つの学名（属名）を持っている。有性世代にちなんだ名前がノイロスポラで、無性世代にちなんだ名前がモニリアである。以前はこの2種類の胞子が同一のカビのものだと思われていなかった。同一のカビなのに、ある時は有性生殖をして子孫を作り、ある時は無性生殖をして増殖する。奇妙なことに、有性世代と無性世代では、コロニーの色や形がまったく異なるのである。もっとも、これはカビの世界では珍しいことではない。

私たちが山火事などで目にするのは、オレンジ色の無性胞子で、無性世代の方である。有性世代の胞子は暗色である。有性胞子は壺《つぼ》のような球形の子実体《しじったい》（生殖器官）の中に入っている。肉眼では子実体は暗色の細かい粒に見える。子実体は硬くなっており、内部の有性胞子が傷まないように保護している。有性胞子は子実体の上部に開いた口の部分から外に吹き出されるのである。

アカパンカビは、この静と動の好対照が特徴である。有性胞子は、子実体の中でいつまでもじーっとしている。何年間も発芽能力を失わない。ところが、いったん熱などの特定の刺激を受けると、有性胞子は放出されて発芽する。発芽した菌糸は瞬く間に成長して、無性胞子の鎖に変化する。無数にできた鎖はちぎれてどこまでも飛んでいく。そして、別の交配できる菌株と出会うと結合して、やがて有性胞子を蓄える子実体を作るのである。

山火事と樹木及びキノコ

ギリシャ神話によれば、プロメテウスが人類に火をもたらし、その繁栄の礎を築いたという。火の恩恵を受けているのは、ヒトやカビだけではないようだ。樹木やキノコの中にも火事がなければ子孫を残せないものがいる。

山火事で種子が散布されることによって、樹木が発生することが知られている。北米大陸の中央部はよく乾燥しているため、山火事がよく起きる。カリフォルニア州の山火事のニュースは、日本のテレビでもよく放送しているので記憶している読者もいるかもしれない。北米の中央部に分布するバンクスマツやコントルタマツは、山火事に適応した松である。これらの松の松笠《まつかさ》は、成熟しても50℃以上の強い熱に曝《さら》されないと開かない。松笠を閉じさせている樹脂の接着が、高温によってはがれて、松笠が開き、その隙間から種子が勢いよく飛び出して散布される。このような繁殖戦略は、山火事が定期的に起きる環境でないと成り立たない。

山火事が起きることで繁栄するのは松だけではない。山火事の後には、独特のキノコが発生する。瀬戸内地方は雨が少なく、井島の場合のように、日本でも山火事の多い地域の一つである。広島県芸南《げいなん》地方で1980年代の山火事跡について、広島大学の堀越孝雄《ほりこしたかお》氏らが菌類の調査を行っている。春に火災が起きた場合を例にとると、半年後の秋には菌類のツチクラゲが最初に発生し、半年ばかり発生し続けた。ツチクラゲの胞子は35～45℃の加熱によって発芽が促進されるという。火事から約1年後の早春には、ヤケノシメジが発生した。このキノコの発生のピークは2年後で、そして、3年後にやっと収まったという。また、火事から1年後の夏には、ヤケアトツムタケなどが発生し、3年後の夏まで見られた。とりわけ、ヤケノシメジの場合は、競争相手の減少がこのキノコの繁殖の引き金になっているという。その他に、ヤケノヒトヨタケも発生した。それにしても焼跡派のキノコは多い。

山火事の発生によって発芽して繁栄する点では、バンクスマツなどとアカパンカビや焼跡キノコは共通している。違っている点は、山火事の影響が落ち着いた後である。それらの松は、その後も生息域を維持し、少しずつ成長していくので、私たちもその姿を見ることができる。一方、アカパンカビや数々の焼跡キノコは、落ち着くとどこかに姿を隠す。人の目から逃れてどこかに潜んでいるのである。

関東大震災でも発生したアカパンカビ

九月一日ノ大地震ニヨリ、（中略）東京市ハ大火ノ為メ其大半ハ灰儘ニ帰シタリシガ、其焼跡ニ於テ或種ノ糸状菌ハ罹災後二三日間ニシテ、殆ド総テノ焼ケタル樹木（庭樹又ハ街路樹等）ニ発生シ、其胞子ノ特異ナル色彩ハ、周囲ノ惨憺タル風景ニ対照シテ、吾人ノ注意ヲ惹キタリ。

これは、徳川生物学研究所の徳川義親《よしちか》、江本義数《えもとよしかず》の両氏が、権威のある学術雑誌である「植物学雑誌」に発表した論文の一部である。関東大震災の後のアカパンカビの大発生について書かれており、震災と同じ年である大正12（1923）年12月号に掲載された。電子ジャーナル並みの速報だ。ちなみに、徳川氏は尾張《おわり》徳川家第19代当主。植物生理学者で、多くの生物学者の支援も行った。江本氏は、日本の変形菌研究の草分け的存在の一人である。

彼らは、大火の後に発生したアカパンカビについて記録し、採集した。このカビは、神田《かんだ》や湯島《ゆしま》などの東京市街だけでなく、鎌倉《かまくら》にも発生した。焼けた樹木だけでなく、焼けなかった住宅の米飯の上にも発生したことなどを報告している。彼らは、なぜアカパンカビが大火の後に各地で一斉に大発生したかを解明しようとした。オレンジ色の無性胞子の耐熱性が非常に高いからではないかと考えた。アカパンカビが有性胞子を持っていることを知らなかったのである。

それにしても、関東大震災の東京はパニックに陥っていたはずだ。そんな中でこのような冷静な学者がいた。震災の直後に大発生するカビもすごいが、そのカビを必死で追いかける研究者の情熱も相当なものだ。

大火事の後、アカパンカビが辺り一面に生える理由については、世界的なカビの教科書である『ウェブスター菌類概論』（講談社刊、1985年）で、その真相が明らかにされている。このカビの無性世代の成長力が著しいという以外に大きな原因があった。アカパンカビの有性胞子は熱に対して耐性があるばかりではなく、発芽するのに熱という刺激が必要であった。何年も前から生産され、次第に蓄積されてきた有性胞子が、辺り一面を焼き尽くした炎によって一斉に覚醒《かくせい》したのである。そして、菌糸が成長し、次々とオレンジ色の無性胞子が大発生した。ただし、無性胞子は意外に熱に弱く、あくまでも火事の焼跡が少し冷めてからできるのである。

その有性胞子はそもそもどこに潜んでいたのだろうか。それは、家屋の建材などより、庭木や街路樹として植えてある青桐《あおぎり》などの生きた木の枝などの表面に粒状に付着していたのであろう。このカビが大発生する理由は、有性胞子が熱で覚醒するばかりではない。それ以上に、カビの競争相手がいなくなったことが大きな原因である。他のカビが繁殖するようになると、このカビは競争に負けてその勢いも下火になるようだ。

関東大震災の場合だけでなく、1945年3月の東京大空襲の時にも、焼跡にアカパンカビが発生したことが知られている。歴史的に見ると、この大火後のカビの大発生は一度だけの特別な現象ではないのだ。

江戸時代には江戸の町は幾度もの大火に遭遇した。その260年間の大火は、京都と大坂《おおさか》では各8回に対して、江戸では28回あった。江戸の町では定期的に（？）大火事が起きた。小さな火事は話題にもならなかった。「火事と喧嘩《けんか》は江戸の華」などと言うのは江戸の人々のたくましさの証《あかし》か？　大火が起きても、数カ月で元の街並みに戻った。

大火事の度ごとにアカパンカビが江戸の町を席巻《せっけん》したと考えても不思議はない。大きな武家屋敷の植木などに潜んでいたアカパンカビによって、オレンジ色の無性胞子が大量に作られ、周辺に散布された。しかしながら、大火事の後始末とともに、このカビも霧散したことだろう。

今日でも大都会では、アカパンカビは街路樹や庭の植木に付着して、いつか来る

「ほんの一瞬の我が世の春」を密《ひそ》かに待っているかもしれない。

井島の調査以降も、アカパンカビを探し求める旅は続いている。

まずは、大阪府能勢《のせ》町にある炭焼き窯に出かけた。大阪府下にあるとはいえ、里山に囲まれた地域で、山すそに狭い田畑が並んでいる。今でも菊炭という手作りの黒炭を作っている窯がある。菊炭というのは、クヌギの木を使って作る。断面が菊の花のような形をしており、観賞用にも使われる。木炭窯が休んでいる時期に、窯の内部、窯の上の盛り土、さらに周りの土を採取してアカパンカビの有無を調査した。しかし、窯のいずれの部分からも見つからなかった。

関西で火を使った代表的な行事に、京都の大文字《だいもんじ》（五山《ござん》）の送り火と奈良若草山の山焼きがある。以前、京都に住んでいた私は、銀閣寺《ぎんかくじ》の横から30分足らずで登れる大文字山の頂まで、夏といわず冬といわずよく散歩した。山の頂は展望がよく、古都の街並みを見渡すことができる。古都の街の喧騒《けんそう》もなぜかよく聞こえてくる。大阪に勤めるようになってから、若草山にもよく行くようになった。東大寺《とうだいじ》の広大な全景を見下ろすことができる。

夏と冬の違いはあるが、行事には多くの薪や草が焼かれる。この後にアカパンカビが発生すれば、古都の街や大仏さんにアカパンカビの胞子が降ってくるのではないかと考えた。山を越える風に乗って拡散しても不思議はない。そこで、大文字山の火床の下や、若草山の焼けたススキの周りで、灰の混じった土の表面のカビを調査した。数年にわたって季節ごとに調べてみたが、いずれからもアカパンカビは検出されなかった。

アカパンカビの発生する確率は、必ずしも高くないのかもしれない。アカパンカビの検出報告はあるが、どれくらいの確率で発生するかはわかっていない。ひょっとすると、大発生には、他の要因が作用しているのかもしれない。大発生を誘発する火以外の要因を解明したくなった。もう一度でいいから、この暴れん坊のアカパンカビの発生を見たい。

第七章

カビはどのくらい体に悪いのか

うか。

食品のカビ毒

人々のカビへの対応に変化を感じるようになったのは、ここ20年くらいのことだろ

「このカビはなにか健康被害を及ぼすカビですか」とよく聞かれるようになった。人体に健康被害を及ぼす代表は食品と住宅のカビだが、両者ではカビによる健康被害がまったく異なる。食品のカビによる被害は、食べてしまった場合のカビ毒だ。一方、住宅のカビによる被害は、胞子を大量に吸い込んだ場合のアレルギー性の疾患と、体内でも生育するカビが起こす真菌症である。住宅に生えたカビは、人が舐《な》めたりしない限り体内に入るわけではないから、カビ毒の有無は関係ないのである。

20年ほど前までは、年輩の主婦の方々は大半「餅《もち》のカビは食べても大丈夫」と思っていた。カビが生えた餅は酸っぱくなって味は落ちるが、毒性という点では大したことはないと考えられており、カビの部分を刃物で削って食べれば大丈夫との意見が、戦前から一般的だった。

一方で、後で詳しく述べるように、戦後の黄変米事件や、カビ毒による七面鳥の大量死事件以来、専門家の間では、食品におけるカビ毒の有害性が広く認識されるよう

になった。そして、カビの毒性について質問されると、私も「カビの生えた食品は食べてはいけない」と言ってきた。しかし、カビの毒性に関する市民の意識は、なかなか変化しなかったのである。食べてもおなかが痛くなるわけではないカビの慢性毒性を、市民に理解してもらうのは簡単ではなかった。それでも、冷凍保存などが普及し、カビの生えた食品が減少するとともに、市民のカビに対する見方は次第に厳しくなっていった。

21世紀になって、食品中のカビ毒が社会問題になった一つの事件があった。2008年に起きたコメの不正転売事件だ。大阪市に本社を置く食品会社が、残留農薬の検出やカビの発生のため事故米とされるべき米を、偽って食品メーカーや焼酎《しょうちゅう》メーカーなどに卸しており、最終的には農水省の大臣が辞任するまでに至った。このとき米に含まれていたのがアフラトキシンというカビ毒だ。強い発がん性があるとされ、テレビなどでも大きく扱われて、社会問題となり、輸入穀物の買い控えを助長した。その後も食の安全を脅かす事件が起き、消費者の眼差《まなざ》しは厳しさを増している。今日では、食品の安全性はもちろん、安心して食べられる信頼性が求められている。

そこで本章では、カビの健康被害について紹介していきたい。カビの正しい対処法についてあまり知られていないと感じるからだ。食品に生える場合と住宅に生える場合について、カビの悪玉ぶりはいかほどのものか知ってもらえたらと思う。

キノコの毒性

第二章で紹介したように、カビもキノコも同じ仲間だが、食物として見ると、両者の毒性の特徴は大きく異なる。もちろん、スーパーなどで売っているキノコに毒性はない。また、野生のキノコは子実体《しじったい》（傘や柄）の部分だけを食べるから、子実体内の有害成分に気を付ければよい。一方、カビの場合は、目に見える菌体だけでなく、その周りの見えない分泌物質が有害なことが多い。餅の場合であれば、カビのところだけでなく、その周辺の数cmも取り除かねばならない。

子実体に毒があるキノコを一般的に毒キノコといい、日本だけでも、200種余りが生息している。毒キノコの多くは食べた当日に嘔吐《おうと》や下痢などの食中毒症状を起こす。とはいえ、キノコの毒素成分が明らかになったものは、必ずしも多くない。その理由の一つは、キノコは培養が難しいからだ。培養中のシャーレにキノコが生えてきたら、大喝采《かっさい》である。それゆえ、毒性を調べるには野生のキノコを集めるしかない。何Lも、何十Lも、半端ではない量のキノコを集めて成分を分析する必要がある。また、地域によって成分の量が大きく異なることも多いので、毒素の解明が難しい。

激しい中毒症状をおこすキノコの代表は、タマゴテングタケである。毒素成分であるアマトキシンはアミノ酸からなる環状ペプチドだ。タンパク合成に関与する酵素の活性を阻害する作用がある。テングタケ中毒は、肝臓の機能を喪失させ、キノコ1本で人を死に至らしめる。そのほかに、日本に中毒患者が多いニセクロハツがある。その毒素は強力な2-シクロプロペンカルボン酸である。日本では、7人の死亡例があり、食べてから数分で言語障害とけいれんに見舞われる。近年は、真っ赤な炎の形をしたカエンタケという毒キノコが、夏から秋に公園などでも見つかる。このキノコは触っただけでもかぶれる。食した場合も、嘔吐や下痢などの症状を呈して腎《じん》機能に障害が起きる。

一方、カビの毒性の多くは、キノコと違って、すぐに症状が現れない慢性毒性である。以下に詳しく述べたい。

どのカビがヤバい？

カビの生えた食品は口にしない方がいいに決まっている。ただ、誤ってカビ汚染した食品を食べた場合にどうすべきか知っておきたい。カビ毒を生産することがわかっているカビは、私たちの身近にいる腐生菌である。穀物や果物などの食物から、カビ毒は腐敗に伴って発見される。リンゴでもミカンでもよく生えるカビはだいたい決まっている。穀物では、収穫前と収穫後で生えるカビの種類が違っている。そういった食物で見つかるカビについては毒性が調べられている。一方、食物に滅多に生えないカビは、毒性が調べられることはほとんどないと言ってよい。

今日知られているカビ毒は300種類余りである。その中でも毒性の強弱の差は大きい。多くのカビ毒による健康被害は、肝障害や発がん性などの慢性疾患である。カビの生えた穀類やその加工品を長期間食べ続けた場合に起きる。慢性毒性は症状がわかりにくく、科学的に原因成分を特定するのが一般に難しい。さらに、カビ毒は加熱しても分解しない成分の多いことが、その対策を困難にしている。

一方、1種類のカビが1種類だけの毒素成分を生産することはまずない。化学構造のよく似た一群の化合物を生産し、それぞれが毒性を発現する。一方、同じ属でも、各種のカビが作る化学物質は異なっている。ゆえに、各属の中でカビ毒を作るカビの種類は決して多くない。例えば、アオカビ属の種数は300種余りだが、毒性の知られているのは30種余りである。

カビの中でカビ毒が知られているのは、コウジカビ、アオカビ、アカカビ（フザリウム）の3属にほぼ限られている。これらの属のいくつかの種で毒性が知られている。ただ、アオカビ属とアカカビ属は種の同定が難しいことが多く、この2属のカビについては簡単に安全だと太鼓判を押すのは難しい。多くのカビ毒が慢性毒性なので、1度食べただけで健康被害が出るとは考えにくい。それでも、毒性が疑われるカビに汚染された食品は、カビ毒についての化学的検査が必要である。

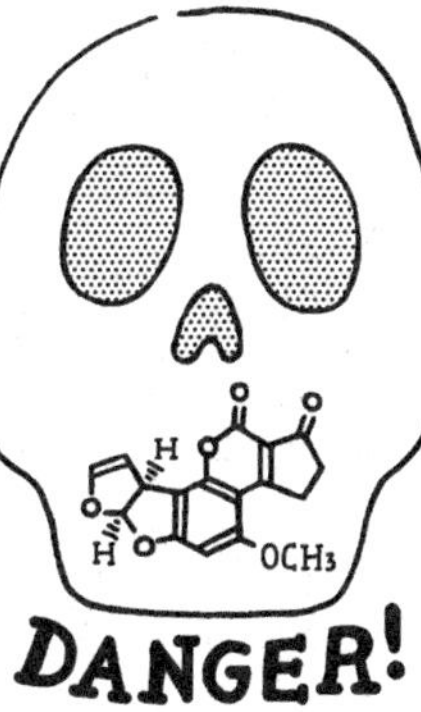

図7-1　猛毒のアフラトキシンの化学式

アフラトキシン

天然毒のうちで最も毒性の強いものの一つがアフラトキシンである（図7－1）。アフラトキシンはカビ毒の中では別格だ。先ほど紹介したコメの不正転売事件のときに問題になったカビだ。1960年に英国で、わずか数カ月の間に10万羽以上の七面鳥が中毒死する事件が起きた。その中毒の原因は、ピーナッツに発生したコウジカビ属のアスペルギルス（A）フラバスという黄緑色のカビが生産するアフラトキシンだった。

アフラトキシンには、B_1など10種類以上の類似化合物があり、カビの菌株によってその構成が違っている。アフラトキシンは、動物の体内に入ると肝細胞を破壊し、肝静脈の閉塞《へいそく》から、肝臓の機能を阻害して死に至らしめる。アフラトキシンに感受性のある動物は、魚類、鳥類、さらに哺乳類《ほにゅう》と幅広い。また、ごく少量であっても長期間にわたって摂取し続けると、発がん性が非常に高まる。以前、豆類や穀類などにおけるカビ汚染が世界的な問題になったことがある。例えば、フランスでは脂肪肝であるフォアグラは高級料理に欠かせないが、ガチョウにピーナッツ・ミールを餌として与えていたからだ。日本でも、同じコウジカビ属のカビを発酵食品の製造に使っていたため、一時大きな騒ぎになった。

一方、Aフラバスというカビそのものは、見つかってもどれくらい恐れてよいかわからない。なぜなら、このカビがどれくらいのカビ毒を作っているかはまったく予想がつかないからだ。カビ毒の生産量は生えている豆類や穀物の種類によって大きく異なる。また、生える地域によってその量も異なる。熱帯や亜熱帯に生えるAフラバスの中には、アフラトキシンを多く作る株のあることがわかっている。そのため、見つかったAフラバスの危険度を調べるには成分を定量分析する必要がある。ちなみに、総アフラトキシンの基準値は食品1kg当たり10μgである。

アフラトキシンの有無を知るために、カビの種類を同定しようと、遺伝子検査をする人がしばしばいる。要するに、Aフラバスか否かを調べようというのである。この検査法には大きな落とし穴がある。一般の遺伝子解析では、Aフラバスというカビと

国名	地域	AFB₁摂取量 ng/kg体重/日	肝臓がん発生率 /年間100万人
ケニア	ハイランド	4.2	14
	ミッドランド	6.8	43
	ローランド	12.4	58
モザンビーク	マシンガ	38.6	93
	イニャンバネ	77.7	218
	イニャリメ	86.9	178
	ホモイネ・マシーシェ	131.4	479
	ザヴァラ	183.7	288
中国	広西チワン族自治区A	11.7	1754
	広西チワン族自治区B	90.0	1822
	広西チワン族自治区C	704.5	2855
	広西チワン族自治区D	2027.4	6135

表7-1　アフラトキシンの摂取と肝臓がん発生率（食品安全委員会「かび毒評価書　総アフラトキシン」より）

Aオリゼーというカビの区別ができないのだ。Aオリゼーは Aフラバスに由来し、酒や醤油《しょうゆ》造りに使うように品種改良した栽培種であり、有害でないことは証明済みだ。

しかしながら、遺伝子解析を検査機関に依頼すると、その株がAオリゼーであっても、Aフラバスとの判定結果が出ることがある。こうなると猛毒のカビを食べたといってパニックになる。これは、遺伝子検査万能時代ならではのトラブルである。

２００４年にはケニアでアフラトキシン中毒が発生し、黄だん症状を呈して１２５人が死亡した。湿った環境でトウモロコシを貯蔵したために、Aフラバスが繁殖し毒素を生産したことがわかった。その後の疫学調査では、サハラ砂漠以南の地域で、肝臓がんの発生率が高いことがわかった。地域によっては、アメリカの肝臓がんの発生率の5〜50倍にもなる。今日の世界のアフラトキシンによる健康被害は、貧困と関係しているという。食料不足はカビ汚染した食物の摂取、さらにはアフラトキシンの摂取を助長している。他に食べるものがなければ、たとえカビが生えていても食べざるを得ないのだ。

表7-1のデータも、アフラトキシンの摂取量と肝臓がんの発生率に関係があることを示している。また、肝臓がんが貧しい国や地域に多いことに注目したい。それにしても発生率の地域ごとの違いに、思わず絶句してしまう。

アオカビとアカカビとその毒性

ミカンに生えるカビはどのような健康被害をもたらすのだろうか。ミカンに生えるカビといえば周辺が白く中心部が緑色のアオカビである。腐敗が進むと、きれいなブルーの別のアオカビが生えてくる。このカビは、ヒトへの健康影響は不明だが、ラットに健康被害を与えることが報告されている。ミカンはカビの部分だけを取り除いても安全とはいえない。但し、誤ってカビの生えたミカンを食べることはあるし、私もそんな経験がある。しかし、心配することはない。他の食品でも同様だが、カビ毒による疾患は、カビの生えた食品を食べ続けた場合に発症するのだ。

日本での食品のカビ被害として、終戦後に起きた「黄変米事件」が有名である。アオカビは青色や緑色の胞子を作るとともに、しばしば黄色や赤色の色素を作り出す。色素によって黄色に変色した米が黄変米である。当時は食糧難で、タイやビルマ（現ミャンマー）などから米が大量に輸入され、その中に黄色の米がしばしば見つかった。そして、それらのアオカビが多くのカビ毒を作ることがわかったのである。摂取し続けると肝臓障害を起こすルテオスカイリンや腎臓障害を起こすシトリニンといった成分が含まれていた。

それ以外の代表的なカビ毒は、赤い色素を分泌する特性のあるアカカビが作り出すトリコテセン系の成分である。19世紀末から、シベリアなどでアカカビに汚染された麦で作ったパンを食べたことでしばしば中毒を起こした。頭痛、嘔吐、めまいなどの急性中毒症状と、造血障害や免疫疾患などの慢性中毒症状が知られている。第二次大戦中のロシアでも飢饉《ききん》に近い状態に陥り、秋に収穫できずに畑に放置した麦を、雪の下から集めて食料にしようとした。しかし、それらの穀物がアカカビに感染していた。地域によっては、10％以上の人々がその中毒症状に悩まされた。

日本では2000年以降、2つのカビ毒の化学的検査が新たに義務付けられた。デオキシニバレノール（DON）とパツリンについてである。DONは小麦などでよく見られ、先ほど述べたアカカビが作るカビ毒の一つである。暫定基準値が決められて汚染対策がされるようになった。

一方のパツリンは、リンゴの腐敗菌の一つであるPエクスパンサムというアオカビが、リンゴの傷んだ部分に生えて作る化学物質だ。パツリンはリンゴやリンゴジュースから主に検出される。生食用にならない傷物のリンゴをジュースなどの加工用の原料にすることがあるために、カビ毒が含まれるのだろう。

今日、新たに規制が検討されているカビ毒に、オクラトキシンがある。コウジカビ属のアスペルギルス（A）オクラセウスなどが生産するカビ毒で、腎臓がんなどの原因になる。オクラトキシンに汚染されている食品は幅広く、大麦、小麦、トウモロコシなどの穀類や、豆類やコーヒー豆、さらには肉、乳製品などが知られている。また、オクラトキシンはイタリアやフランスのブドウ果汁からも、さらに多くのワインからも検出されている。ヨーロッパでは現在、多くの実態調査が行われている。日本でも同様に、少量ながら、膨大な食品にオクラトキシンが含まれている可能性がある。そのため、検査が義務づけられるようになると、これまでとは別次元の大規模な検査体制が必要になる。食品業界だけでなく、食品の検査・分析機関もその動向を注目している。

幻覚作用のあるカビとキノコ

麦角《ばっかく》とは、イネ科植物の穂に麦角菌というカビが寄生してできたものである。麦角の混入した麦粉を食べた時に起きるのが麦角中毒である。大人より子供の方が侵されやすく、中世ヨーロッパで多くの中毒患者が発生した。麦角にはアルカロイドの神経毒が含まれている。中毒によって、激しい痛みとともに幻覚症状が起きることがある。患者に悪魔が乗り移ったとして、中世以降のヨーロッパやアメリカで、多くの若い少女が魔女裁判にかけられ命を落とした。また、その主成分であるエルゴタミンから、幻覚剤であるLSDが誘導される。

また、シビレタケと呼ばれるキノコには幻覚性毒がある。また、その仲間は、メキシコのアステカ帝国の祭儀で使われた。インディオたちは夜明け前にキノコを食べ、幻覚の続いた後に、幻影について話し合ったという。シビレタケ属の主成分であるシロシンやシロシビンはエルゴタミンと構造が似ている。

40年以上も前の友人の話だが、秋になると京都の名刹《めいさつ》の生垣にシビレタケの仲間が毎年100本以上生えていた。見栄えがするキノコではないし、食感もよくない。ただ、幻覚作用はちゃんとあるのが特徴だ。

ある年の秋も、キノコ毒に詳しい研究者が、後輩の学生を5、6人寄せ集めて、キノコパーティーを開いた。今日ではありえない話だが、目的はこのシビレタケの効果を観察することだったという。6時過ぎのすっかり暗くなった部屋の四角いテーブルの中央に、大きな赤いろうそくが1本立てられた。そして、その横の新聞紙の上には、土だけを簡単に落としたシビレタケが山盛りにされていた。ろうそくの他に灯《あか》りはなかったが、一人一人の表情は炎に照らされてよく見えた。

号令とともに、みんながほぼ同時に1本目を口の中に恐る恐る押し込んだ。しばらく様子を見たが、少し苦かっただけで、なんでもなかった。2本目も同様だった。ただ3本目になると様子が違ってきた。参加者のうちの1人が「ろうそくが2本に見える」と言いだした。それでも大したことはないと、4本目にみんなでチャレンジ。すると他の2人も同様に2本に見える、と言いだした。そうなると、内心はすでにパニックだったという。喉《のど》が渇いてきた。数年前に、キノコ中毒で病院に救急車で運ばれたという噂を知っていたからだ。

5本目になると、2本に見えると言っていた中の1人が、「ろうそくがぐるりと周りを取り巻くように見える」「気分が悪くなった」と言いだした。そうなった人は止めにして、他の人は続けた。その後も、次々にロウソクに取り巻かれている、と言い始めた。そこでシビレタケの実験はようやくおしまいになった。

室内塵と白癬菌

ここでちょっと視点を変えて、体表というユニークな環境に生息するカビにスポットを当ててみよう。ここに住む白癬菌《はくせん》は、生育環境とともに栄養源に大きな特徴がある。白癬菌は、他の微生物が利用しにくい硬質タンパクであるケラチンを栄養にしている。菌類のホネタケ目に属しており、皮膚の他に、髪の毛、爪、角《つの》、毛皮などを分解できる。この目《もく》には、小さいキノコ状のホネタケも含まれているが、カモシカの角の標本に一面に生えているのを見て驚いたことがある。

白癬菌については、日本人の約10%が患者という（宮治『カビ博士奮闘記』）。ブーツなどの普及で患者が増加し、隠れ水虫も多いようだ。これまで、白癬菌がバスマットやスリッパを介してうつることが知られていた。近年、私たちが多くの時間を過ごす居間や寝室などでも、白癬菌が見られることがわかった。水虫患者から白癬菌の付いた皮膚が脱落し、室内塵《じん》とともに隅に溜《た》まる。これは、フローリングなどの室内塵が白癬菌の伝染を媒介するだけではなく、白癬菌などが蔓延《はびこ》る温床になりうることを示している。とりわけ、湿っぽい住宅では、床でも白癬菌が繁殖することがあるようだ。

私が調査してみたところ、室内塵から白癬菌が全体の約8%の世帯で見つかった（表7-2）。ほとんどはトリコフィトン属の白癬菌だった。ゆえに、白癬菌はフローリングの室内塵を介しても感染するのは確かだ。また、水虫患者がいないはずの家庭

	サンプル数	白癬菌数 (個/mg)	検出比率	検出率 (%)
水虫ではない	293	0.41	16/293	5
以前水虫	74	0.44	6/74	8
現在水虫	70	2.20	13/70	19
医者に行っていない	54	2.72	12/54	22
治療中	16	0.40	1/16	6
全体	437	0.70	35/437	8

表7-2　室内塵の白癬菌と症状

でも、約5％の世帯で白癬菌が見つかった。隠れ水虫はやはりかなりいる。

一方、水虫患者がいても、室内塵中に実際に菌が見つかったのは約19％で、検出率は決して高くない。部屋の床に白癬菌が脱落しても、そこで生き延びたり、繁殖したりする確率は高くないと見られる。友人が水虫で悩んでいるというので、お宅の室内塵を調べたことがある。しかし、繰り返し調べても白癬菌は見つからなかった。以前、私も白癬菌の保菌者だったので、実験に必要な時は、ピンセットで足の患部からサンプルを採取して使っていた。しかし、私の自宅の室内塵からも菌はまったく見つからなかった。室内塵中での白癬菌の生存には、床の湿り具合が影響を与えていると考えられる。

水虫は患者が医者にかからない病気の典型だと聞いたことがある。水虫と自覚していても、病院に行かない人が約77％（54/70）を占めた。一方で、治療中の場合は、室内塵からの検出率が非常に低かった。治療の効果を如実に示している。この結果を知ったら、医者に行く水虫患者が増えるに違いない。

白癬菌の他に、よく知られている皮膚病原因菌にマラセチアがある。マラセチアはヒトや動物の皮膚で生育する酵母状のカビで、体の多くの部分に褐色の斑点《はんてん》などができる。いつもマラセチアに感染している人と話したことがある。自覚症状はないが、季節や体調によって斑点の大きさが変化するという。また、ペットである犬や猫にも感染する病気であり、ヒトへの感染も危惧《きぐ》される。ただ、悪さをすることは少なく、「カビによるニキビだ」と説明する医師もいる。

ペットと白癬菌

最近はペットを室内で飼うことが多くなり、ヒトとの接触も増えてきた。ペットは今や、ヒトの生活を支えるというより、人の心を支える存在のようだ。犬や猫がヒトとともに主に室内で生活し、ヒトと同じ布団で寝る習慣も一般化した。赤ちゃんの誕生とともにペットを飼いはじめ、わが子とともにペットの成長を楽しむことも珍しくないという。ペットは家族の一員である。

図7-2　ミクロスポルム

これまで、ペット由来の白癬菌であるミクロスポルムによる室内の環境汚染について、顧みられることはなかった。しかし、ヒトは、白癬菌であるトリコフィトンとともにミクロスポルムに感染することもある（図7－2）。一方、ペットに水虫症状が現れて、動物病院に連れて行ったらトリコフィトンだったとの話を聞いたこともある。また、室内塵からペット由来のミクロスポルムも見つかることがある。室内塵で繁殖しているペット由来のカビも、ヒトとペットの共同生活の証《あかし》であることは間違いない。

ペットを飼っていると、夥《おびただ》しい量の抜け毛がある。掃除機でホコリを集めると、細かい室内塵より抜け毛の方が圧倒的に多いことがある。ペットを飼っている場合は、飼っていない場合に比べて、白癬菌以外の珍しいカビも多く見られる。抜け毛を集めて室内の湿った環境に放置しておけば、いろいろなケラチン分解菌がどこからともなく集まってきて繁殖する。室内環境を健全に保つには、これらの抜け毛への対応が重要である。

室内塵中の一般カビ数は、ペットを飼育している場合には飼育していない場合と比べ平均で約2倍だった。この結果は、ペットが室内塵に持ち込むのは体に付着したカビだけではないことと、室内のカビ汚染を助長する栄養や水分などもカビに補給していることを示している。なお、ペットに関連したカビの研究は遅れていて、その健康影響はわからない部分が多い。

放射線とキノコとカビ

次は、厳しい環境で生きる菌類について紹介しよう。菌類は、放射性物質によって汚染された環境でも生息しているが、その生理的な特徴について明らかにしたい。

1960年代に、アメリカやソ連などの核保有国が核実験をよく行っていた頃、当時の西ドイツは、野生生物に関する調査を行い、キノコ中の放射性物質であるセシウム137の値が高くなることを報告した。1986年旧ソ連（現ウクライナ）にあるチェルノブイリ原子力発電所で、原子炉の爆発事故が起きた。放射性物質を含んだ粉塵や水蒸気が、ヨーロッパ全体に拡がった。例えば、オーストリアでは、キノコ中の放射性物質が１９８７年には急増し、以前より３・０〜４・８倍に上昇した。記憶に新しい２０１１年３月の福島第一原子力発電所の事故では、福島県などのいくつかの地点で野生キノコから、国の暫定規制値の10倍を超える放射性セシウムが検出された。汚染キノコの周辺にある土壌中の放射性物質は少なかったので、キノコが養分やミネラルの吸収の中心になっていることが推測された。

空気中に放出された放射性物質は、風によって運ばれ、地形の影響でホットスポットができる。落葉した林では、放射性物質は直接地表に落下して溜まる。一方、樹上に留《とど》まった場合は、雨や霧に含まれて降下する。地表の落ち葉や土に積もったものは、キノコによって吸収される。キノコの中でも、落ち葉の下の浅いところに外生菌根を作るキノコは、地表に溜まった放射性セシウムをより多く吸収する。とりわけ、貧栄養の酸性土壌では、キノコによるセシウム吸収量が多いという。その理由は、キノコを作る菌根菌が、リンやカリウム、カルシウムなどのミネラルを多く集めるからだ。セシウムはアルカリ金属で、カリウムと似た性質がある。菌根菌がカリウムと混同して吸収しているのだろう。

放射性物質がなぜ怖いかといえば、放射性物質から放出される電離放射線を生物が過剰に浴びると、障害が起きるからだ。グレイというのは放射線から受けるエネルギー量の単位だが、ヒトの場合は5グレイの放射線を浴びると死に至るとされる。チェルノブイリ原子力発電所の事故では、6グレイ以上の放射線を浴びた消防士が死亡した。現在、この原発はコンクリートの建物で覆われているが、その後も年間何百グレイもの大量の放射線が放出されている。

2000年、メラニン色素を持った暗色のカビが、この建物の壁や天井を覆い、配線に沿って増殖していることが報告された。また、発電所外で生えているものより、メラニン色素を多く含んでいることもわかった。暗色のカビは、電離放射線に対して耐性があると考えられるといっても、自然状態の数百倍もの放射線の環境で生きられるというのは信じがたい。このとき生えていたのは、クロカビやススカビのような、ごく一般的なカビとともに、フィアロフォーラやドラトミセスのような比較的珍しいカビだった。なぜ、これらのカビに耐性があるかは今のところわかっていない。

話題になったブラックモールド

住宅のカビの話に移ろう。

米国では、カビの健康被害はしばしばニュースとして取り上げられる。英名が「ブラックモールド（黒いカビの意）」というカビが、米国では有名である（図7－3）。このカビは住宅の壁などに生えるスタキボトリス　カルタルムのことで、住宅に生える最も危険なカビと恐れられている。インターネットで「Black Mold（ブラックモールド）」を検索すると、今日でも10億件以上がヒットする。

私は10年ほど前に、建材に生えたカビについての同定を依頼された時に、「検出されたカビはスタキボトリスである」と報告したところ、さっそく、依頼者から問い合わせが来た。

「ネットでこのカビを検索したところ、膨大な数の英語の記事がヒットするのですが、なぜでしょうか？」

1999年12月に米国で「カビ：健康への警戒警報」という週刊誌の記事が話題になった。マイホームで防護服とフェイスマスクを着けている夫妻の写真と、そのいきさつが掲載された。その家の住人は「家が苦しんでいるのを終わりにしてあげたい」と訴えた。カビ汚染した住宅で暮らすことの危険性を、米国民に象徴的に示したのである。その後も、「カビの幽霊が出没する家」として、テレビなどでしばしば取り上げられた。

この住宅では、配管の水漏れで床の建材が水浸しになって反り返り、黒いカビが内壁などに大発生した。すると住んでいた家族が頭痛、倦怠《けんたい》感、呼吸障害などの重い病気にかかり、家から避難する事態になった。家族は、この住宅を維持・管理する保険会社が、水漏れの修理を怠ったためにカビによる健康被害が起きたと、99年にテキサス州の裁判所に訴えたのである。このカビをさらに有名にしたのは、２００１年に出された判決の賠償額が日本円で約32億円と巨額だったことだ。「セレブなカビ」だとの記事も見られた。そして、02年末に、保険会社の巻き返しの結果、４億円で決着がついた。賠償額の高騰は、保険の掛け金の上昇に繋《つな》がると反論したのである。

裁判所に訴えた１９９９年には、この保険会社へのこのような賠償請求が12件であったのに対して、２００２年には賠償請求は１万２０００件に達した。また、１９９９年から２００２年までに、カビ被害による損害請求額は３０００億円超に達した。

図7-3　ブラックモールド

「スタキボトリスが健康被害の原因である」と問題になったのは、テキサス州の事例が初めてではない。それ以前の１９９４年に、米国中西部のオハイオ州で、突発性肺胞出血（ＩＰＨ）の小児患者が多く発生し、36名の患者の内９名が亡くなった。患者宅について調べると、多くの住宅が水害のために湿ったことがあり、著しいカビ汚染に見舞われたことがわかった。とりわけスタキボトリスというカビが多く見つかり、動物への曝露《ばくろ》実験などから、このカビの胞子を吸い込んだことがIPH発症の原因だとされた。

なお、このカビは、日本でも壁紙などにしばしば見られる。黒いカビが壁一面に生えて、健康被害にあったという相談を、私も受けたことがある。2009年のことだ。大阪市内の話は関西のテレビ番組から持ち込まれ、突撃取材に協力することになった。大阪市内のJR環状線の駅前の、30階超のタワーマンションの上層階だった。書斎や寝室の壁の一角が濡《ぬ》れていて、浮き上がった壁紙の裏に真っ黒いカビが一面に生えていた。室内にはカビ臭が漂っていた。住人によれば、ひどい時は咳《せ》きこんで、息ができないくらいの発作が続くという。壁紙をはがして調べたところ、カビの種類はなんとスタキボトリスだった。原因は、壁の中の水道管からの水漏れだった。その後、カビによる健康被害があったと、訴訟を起こした。

このカビは、05年にニューオリンズを襲ったハリケーン・カトリーナによる洪水でも問題になった。水害を被った家屋に猛烈にカビが蔓延った写真が世界に発信された。被害を受けた家屋の内部では、通常の5000倍に当たる空気1㎥当たり100万個のカビ胞子が検出されたこともあった。11年の東日本大震災によって発生した津波で、多くの家屋が壊れ海水に浸《つか》った。濡れた柱や建材の表面に、他のカビに混じってスタキボトリスが発生した。18年の夏、広島県などでも大規模な水害があり、多くの家屋が泥水に浸った。その後も、大きな台風の到来で、しばしば水害が起きている。私は、被害に遭った家屋や家具のカビ被害が気になるのだ。スタキボトリスの汚染による健康被害が二次的に起きる可能性は常にある。

先に述べたように、カビは成長に伴ってさまざまな化学物質を分泌する。その中には、分泌物が液状の黄色や赤色のものも多いが、微生物由来揮発性有機化合物（ＭＶＯＣ）と呼ばれる匂いのする気体もある。アメリカで有名なスタキボトリスの健康被害の原因物質は、サトラトキシンという物質だと考えられている。このカビ毒は、食品を介してではなく、環境中からヒトの呼吸を介して体内に取り込まれるのが特徴だ。胞子中に含まれるカビ毒の量は、胞子が小さいために、ピコ（$\frac{1}{10^{12}}$）グラム単位と非常に少ない。健康被害を及ぼすには、カビ毒の量が少なすぎるという批判があるほどだ。そのため、スタキボトリスが、そのカビ毒によって健康被害を引き起こすことがあるかどうかの論争には、米国でもまだ決着はついていない。なお、環境中に浮遊するこのカビが、アレルギー性疾患の原因である可能性も否定できない。米国環境保護庁は、スタキボトリスから発生するＭＶＯＣがアレルギーの原因物質であると指摘している。

カビによる健康被害には、精神的なダメージも大きい。ブラックモールドの被害が2000年頃に米国で社会現象になったのは、カビの毒性という科学的な裏付けは不充分でも、その不気味さが大きく影響していた。不気味さは嫌いなものから恐ろしいものに変化したと言える。

住宅のカビ被害の後日談

カビが一旦《いったん》生えると、その家は壊すしかないのだろうか。住宅にとって、カビは取り返しのつかない厄介者なのか。私は大きな誤解が蔓延《まんえん》していると思う。

私はある裁判で鑑定人を務めたことがある。築数カ月の新築住宅の水道管からの水漏れで、床下がプールのようになった。床の裏側はもちろん、床や壁の一部がカビだらけになった。漏水を発見した直後に、住環境のカビを測定したところ、一般住宅の100倍以上の胞子が室内に浮遊していた。その結果、家族は仮住まいを強いられたと、ハウスメーカーを相手取って裁判を起こしていた。争点は、水抜きをして半年になるが、その住宅は安全に住める環境になったかどうかだった。

実地調査では、フローリングの床板を外して、プールのように水の溜まった跡の床下を見ながら、私が説明する形になった。外した床板の周りに、多くの関係者が取り囲むようにして、私の話に耳をそばだててメモを取った。

私の説明は次の通りだった。カビ汚染の原因はすでに取り除かれている。半年くらい注意して換気などに取り組めば、住宅内部はかなり乾燥して、生きているカビも大幅に減少する。住環境のカビ測定を再度行って、通常の値になっていれば住めるだろう。カビ汚染の形跡を消しにくい場合もあるが、たとえ残っていても、カビ自体は死んでいることが多い。また、建材に発生したカビによって、建材の強度が著しく低下する例は非常に少ない。必要と思えば強度を測定してもらったらよい。他に問題がないのに新しい建材を放棄するのは、もったいないと言えよう。結果的に両者は和解となったが、その際は、この意見が尊重されることになった。

もう一つ別の事例も紹介したい。マンションが建ってから半年後に、売れ残った部屋のいくつかの壁の壁紙をめくってみたら、壁の中に暗色のカビ汚染が多く見つかった。そこで、マンションの販売会社が、施工会社を訴えた。新築マンションは通常、壁の中もピカピカなはずだと言うのだった。

残念ながら、新築住宅でも壁の内部はカビの生えていることが多いのである。ただ、壁内部は通常は見えない部分であり、一般にはあまり知られていない。湿っていた建材も乾けば、それに伴って一旦生えたカビは次第に死滅していく。目で見てカビ汚れはあっても、必ずしもカビが生きているわけではないし、それが新たな汚染源になるわけでもない。建材のカビ調査で、生きたカビが他の住宅に比べて少なければ問題はない。長年住んでいる間に、住宅のいろいろな部分のカビは、湿ると生えてくるし、乾けば死滅することを繰り返している。

住環境に生育する微生物は健康被害の原因になるが、その一つがアレルギーであろう。最後に、カビとよく混同されるダニと比べながら、住宅内でのカビ被害の歴史を見てみたい。

湿っぽい布団

室内環境中の微生物を見た場合、ダニはクモやサソリの仲間であるにもかかわらず、よくカビと混同される。そして、不衛生な生物として嫌われる。カビもダニも室内の湿った環境で、汚れの多い場所で繁殖する。床に敷いたカーペットやタタミ、さらには布団などだ。

1970年代の前半、私は築50年以上の、冬になると寒い隙間風が入る吉田寮という木造の学生寮に住んでいた。この寮では絶対火事は起きないという伝説があった。ただ、万年床の学生が多く、寝たばこで布団が焦げたというようなボヤは多かった。ボヤはあっても、大きな火事にはならなかったというのが事実のようだ。その理由は2つある。一つは、昼でも夜でもどんな時間にも誰かが必ず起きているためだった。当時は麻雀《マージャン》が盛んで、毎晩どこかの部屋で徹マンをしていた。昼間も授業に行かず、薄暗い部屋でごろごろしていた学生が、私を含めて多くいた。もう一つは、寝タバコの火が布団に燃え移っても、布団があまりに湿っていたので、少し焦げただけで、間もなく火が消えてしまうためだった。布団はどれも重い木綿製だったので、少々のカビ臭は当たり前だった。寝ている間に虫に刺されることはよくあったが、それがダニかどうかについては、当時は話題にならなかった。

それは、学生寮だけではなかった。1970年代の山小屋では、いつまでも重い布団が使われていた。寝ている時も「重し」がされているようだった。登山客が小屋を早朝に発《た》つと、天気がよければ、赤い屋根の上だけでなく、小屋の前の庭にも物干し竿《ざお》にかけられた布団がずらりと並んだ。

布団にカビが生えるという苦情は、吸水性のよい素材である綿の全盛期にも多くなかったようだ。カビは布団の内部に生えても、外からは見えなかった。以前の調査で、布団とカーペットとタタミのカビを比較したことがあるが、採取されたホコリに含まれるカビ数に差は見られなかった。少なくともカビに関しては、布団に多いとは言えないと私は考えている。

室内塵のカビとダニ

調査でいう室内塵（ホコリ）とは、掃除機で吸い込んだ細かい粉塵で、ダニやカビなどの微小な生物の他に、細かい繊維くずや土壌が多く含まれている。掃除機で吸い込むから、さまざまな大きなごみが一緒に混じってくる。砂や菓子の破片、ヒトの髪から糸くず、プラスチックの破片、タタミ表の切れ端から爪楊枝《つまようじ》まである。大きなものは除くのだが、ペットを飼っている家庭のごみの多くはイヌやネコの長い体毛で、これを除くのに苦労する。とにかく、室内塵は住宅ごとに実に多様で、住人の生活をよく反映している。

室内塵には多くのカビやダニの栄養や水分が含まれている。ただ、ホコリごとに水分の量は異なるため、ホコリの量とカビの数は必ずしも比例しない。カビは栄養が多くても、乾いたホコリの中では生育できないからだ。カビの数は湿ったホコリの量に比例していると考えてよいだろう。これは、ダニにも当てはまる。ホコリに含まれている水分量が2倍、4倍となるだけで、カビやダニの数は桁《けた》違いに増加すると考えてよい。例えば、カビ臭のする湿ったタタミについて、掃除機でホコリを集めてみると、その中から、無数のカビの胞子が見つかるだけではなく、無数のダニが這《は》い出して来る。

室内塵に含まれているカビやダニは、どこでふだん生息しているのだろうか。主にタタミやカーペットの繊維の隙間などで生きている。隙間に溜まった湿った汚れが好物だ。室内塵のカビは、ホコリ1g当たり数万~数十万個である。また、住宅によるカビ数のバラツキは桁違いに大きい。カビが多いホコリというのは、他より10倍、100倍もの胞子が見つかるのである。「平均より100倍多い」と言うと、住人は肝をつぶす。

一般の人に住宅のカビやダニについてなかなか理解してもらえない点は、カビやダニはどこにでもいるということと、その数がゼロにならないということである。住人の望みはダニやカビがいなくなることである。このダニやカビが無害であるとか、数が比較的少ないと言っても、まったく安心してもらえない。また、ネットなどに有害なカビやダニとしてリストアップされていると、ごく少数しか見つかっていない場合でもトラブルの原因になる。

いつから室内のダニやカビは問題になったか

それは未来都市での衝撃的なダニのデビューだった。

住宅のダニが初めて大きな話題になったのは、1971年以降に東京都の多摩《たま》丘陵に建設された多摩ニュータウンでの騒動だった。日本最大の人工都市で、団地の住宅数は8500戸に及んだ。しかし、団地に入居した人は早々にダニの大発生に悩まされた。住宅がまだ十分乾いていなかったのと、部屋に入れたタタミの藁《わら》が新しくて湿っていたために、藁についたカビを餌に付着していたコナダニが大発生した。大発生すると、床から家具までコナをふいたように見えるが、コナダニはほとんど無害のようだ。しかし、これを餌にするツメダニ類が増えてくる。このダニは肉食性で鋭い口を持っており、ヒトにもかみつくことから大きな騒ぎになった。

カビの専門家が見ると、このようなダニの多い集合住宅では、カビも大発生していたに違いない。例えば、タタミを雑巾拭《ぞうきんぶ》きすれば雑巾はアオカビで真っ青になったことだろう。ただ当時の新聞を見ると、多摩ニュータウンでもカビのことはまったく出てこない。これは、その頃の一般住宅ではありふれたことだったからだろうか。

それ以降、とりわけ1980年代まで、ダニにまつわる記事は新聞などを賑《にぎ》わした。その見出しは「このダニぜんそくの犯人」「ダニも乗ってるバス座席」「汚れたぬいぐるみにぜんそく児はご注意」など。ただ、問題になったダニは、コナダニからヒョウヒダニに代わった。ヒョウヒダニはコナダニよりひと回り小さいが、アレルギーの原因物質であることがわかったのである。ヒョウヒダニはタンパク質を好み、主にフケやアカを餌にしている。

ダニのアレルギー原因説は、1960年代にオランダのボールホースト博士らによって提唱された。それまでに、家の床に溜まる室内塵（ハウスダスト）がアレルギーの原因であることはわかっていた。博士は、室内塵でもその中のヒョウヒダニがアレルギーの原因であることを明らかにしたのである。

一方、カビがアレルギー疾患の原因として注目されるようになったのは、1980年代の後半である。室内環境中に多く見られる好乾性カビであるAレストリクタスなどを吸引すると、気管支ぜんそくなどを発症することがわかった。しかし、カビの種類に関係なく、胞子を大量に長期間吸い続けていると、発症するとも言われている。このように直接的なアレルギーの原因である他、カビはダニの餌になるなどの間接的な原因にもなる。

前述のように、1970年代になって建設された多摩ニュータウンなどの団地が問題になった。ダニ博士である青木淳一氏は、「日本の気候風土では新しいコンクリートの水分が抜けて安定するには、少なくとも2年はかかる。その前に栄養豊かな新しい畳を入れれば、ダニどもにとっては湿気も食料も最高の条件が整う」「対策は、コンクリート建築に畳を入れることをやめることである。板張りの床にイスとテーブル、それにベッドという外国人のような生活をしたがっている日本人はいくらでもいるのだから」と言っている（1972年5月20日読売新聞）。

まさに、御卓見と言うしかない。それ以降、タタミやカーペットなどは保水性の低い、カビやダニの生えにくい素材に変更された。あるいは、フローリングに取って代わられた。それだけでなく、1980年の住宅の省エネ基準の設定以降、気密性は高

素材	平均カビ数(個/mg)			
	1989年	1999年	2006年	2015年
タタミ	576.6	162.8	85.8	45.4
カーペット	277.9	90.7	34.5	18.5
フローリング	—	—	52.3	19.1

表7-3　素材別の夏の室内塵中の平均カビ数

くなったが、空調システムがうまく機能して、湿気がうまく追い出されるようになった。その結果、30年前に比べて、$\frac{1}{10}$以下に平均カビ数は減少した(表7-3)。ダニも同様に$\frac{1}{10}$以下になった。また、一戸建てと集合住宅では、カビ数やダニ数に違いは見られなくなった。

一方、フローリングになってもカビがなくなったのでもないし、タタミやカーペットに比べて、カビが極端に少ないわけでもない。フローリングでも、床のパネルの継ぎ目のくぼんだ部分に、カビは密《ひそ》かに生えるのである。パネルの表面に比べて継ぎ目のカビ数が10倍にもなる部屋は約27%もあった。フローリングにすればカビはなくなるとの神話が、カビ汚染対策の足を引っ張っている。

「我が家は約2年前に新築しました。その冬に、フローリングに2、3週間ふとんを直接敷いていたら、じめじめしておかしいと思い、ふとんをあげてみま

した。すると、ふとんの裏はカビだらけ。フローリングにもカビが生えていました。」（2000年4月3日朝日新聞）

同様の被害例はネットの投稿でも多数見ることができる。この原因は結露である。ポリエステルなどの化学繊維の敷布団は吸湿性が低い。ゆえに、就寝中に出る汗や水蒸気の多くが、敷布団からも速やかに放出されることになる。一方、フローリングに使われているパネルはタタミなどより冷えやすい。ゆえに、フローリングの表面で結露がより多く発生し、カビが生える。カーペットやタタミは実際以上に悪者にされていると、私は思っている。

第八章　ヒトとカビの闘い

菌類が悪玉であり、ヒトの生活や営みに敵対すると感じた場合は、ヒトは菌類の生育を抑えるように挑む。一方、菌類が善玉で、ヒトの営みにとって有益と思った場合は、ヒトは菌類の生育を促そうとする。これが、ヒトと菌類の付き合い方である。

同じ菌類の仲間でも、カビと地衣類は両極である。カビは、私たちの生活のどこにでも侵入する身近な存在だ。地衣類については第二章で紹介したように、コケと間違われることが多い菌類で、藻と共生している。高山などの人里離れた厳しい環境に生育し、大気汚染に弱くて都会では細々と生育する。

この章では、人と菌類の果てしない攻防にスポットを当ててみたい。食器や文化財の保存など、私たちはカビと格闘してきた。その前に、ヒトにとって善玉である地衣類を増やすための研究をまず紹介したい。

空気がきれいになって地衣類が復活

地衣類といわれると馴染《なじ》みがないかもしれないが、一般には「コケ」と間違って認識されていることも多い。地衣類は意外に身近に生息している（図8－1）。見覚えのある方も多いのではないかと思う。地衣類は市街地に少ない。大気汚染に敏感であ

図8-1　樹皮に生えた地衣類

ることが原因だと考えられている。

それでも20世紀末に、大気環境の改善に伴って、地衣類の復活がいくつかの都市で認められた。例えばパリでは、１８６０年代に16種の地衣類が確認されているが、その後約１００年間消滅した後、１９９０年には11種まで回復したことが報告されている。同様に、米国オハイオ州のオハイオ川渓谷の樹木の幹に着生した大型地衣類は、大気環境の良化に伴って、73年から89年の間に大増えた。中でも地衣類キウメノキゴケは73年にはまったく見られなかったのに、89年には調査地の半分で見つかった。

ヨーロッパとりわけ英国では、市民による地衣類についての定期的な調査が行われている。大気環境の変化とともに、地衣類の分布が時の経過と共にどのように変化したかを知ることができる。また、英国全土を10㎞平方の1700以上のメッシュ（網目）に分けて、メッシュごとに地衣類が見つかったかどうかの分布図が作られている。なお、このような調査が有効なのは、イングランド島が平坦《へいたん》で、全島がよく似た地形だからであろう。

英国などと同様に、日本でも二酸化イオウの濃度が、最も高かった1970年前後より低下し、大気環境が改善された。95年には、広島市でも地衣類ウメノキゴケが復活したことが報告されている。

私も大阪平野の500余りの公園について、2000年前後に樹木に着生している地衣類の調査を行った。多く見つかる地衣類は、大気汚染に抵抗性のあるコフキヂィリナリアぐらいである。ウメノキゴケも平野の周辺部では、直径が10㎝を超える大型のものがしばしば見つかるが、中央部にある大阪市やその周辺では少なく、あっても10㎝以下の小型のものがほとんどだった。意外だったのは、大阪市のど真ん中の大阪城の西の丸庭園だけは、何本ものソメイヨシノの幹に10㎝を超える地衣類が多数生えていたことだ。太閤《たいこう》さんは庶民よりよい空気を吸っていたのだろうか。

ともあれ、大気汚染が改善すれば、多くの地衣類は復活の道を歩む。きれいな空気を好み、都会でも健気《けなげ》に生きる地衣類が悪玉の菌類のはずはない。増加傾向にある地衣類について、その流れをもう一歩前に進める試みもなされている。

瓦と地衣類

民家の藁葺《わらぶ》き屋根には地衣類のハナゴケ科が、瓦《かわら》屋根にはウメノキゴケ科が密生している。これは、わずか70年前にはありふれた伝統的な日本の風景だった。民家の屋根が苔《こけ》（＝地衣）むしている懐かしい田舎は、今や絶滅危惧《きぐ》風景となってしまった。今日では、平野部だけでなく山間部などでも、新しい瓦葺きの屋根に地衣類を見かけることは珍しい。

都市再生に取り組んでいる関西大学の木下光教授は、このような状況であればこそ、地衣類の生えた屋根の景観を維持することは、農村の伝統的な生活環境を体験できるとともに、貴重な観光資源になりうると考えた。また、成長が遅く、栽培が難しいと思われている地衣類を、屋根瓦の上で自在に繁殖させることができれば、地衣類は園芸植物の一つとして見直される可能性があると熱く語る。そんな屋根瓦の地衣類復活プロジェクトに、私も地衣類の栽培指南役として参加した。

地衣類と屋根瓦については、１９５０年代に、長野県佐久《さく》高原で民家の屋根に生育する地衣類の生態が調査されたことがある。同一集落内でも瓦の表面の環境が微妙に異なるために、家ごとに地衣類の生えている程度や方角に差があることや、新しい瓦には少ないことが報告された。古い瓦にあって、新しい瓦にない地衣類の生育促進要因を解明できれば、どの瓦にも地衣類を繁殖させることができると私たちは考えたのである。

地衣類の移植実験は、50年以上前からしばしば行われてきた。地衣類は大気汚染に敏感なため、さまざまな地域に移植して、その成長速度の違いから地域間の汚染度が比較された。近年でも、地衣類を都市部や郊外などへ移植する実験が行われている。その中で、地衣体の移植操作が意外に簡単であることと、ウメノキゴケなどの葉状地衣類が、1年で大きく育つ可能性のあることが次第にわかってきた。それゆえ、これまでに積み重ねられた知識を活《い》かせば、移植実験はうまくいくと思った。

プロジェクトのメンバーは5人。木下研の大学院生である李《り》君を中心に、いろいろな種類の瓦への移植実験が行われた。実験場所は、蘇我《そが》氏の石舞台《いしぶたい》古墳や高松塚《たかまつづか》古墳などで有名な奈良県明日香《あすか》村だ。村の中でも、山に囲まれた飛鳥《あすか》川沿いの稲渕《いなぶち》集落で行った。

この集落の古い屋根瓦には、葉状地衣類であるエゾキクバゴケが多く自生している。私たちは、間もなく取り壊すという民家の納屋の屋根から、ヘラを使って地衣類を採取した。そして、同じ集落の空き地にモデル屋根を設置して、その上に6種類の瓦を並べてから、採取した地衣類を移植した。移植後約15カ月間に、どの瓦でエゾキクバゴケがよく成長するかを比較することにした。なお、その成長過程は、3カ月ごとに写真撮影して、地衣体の形や色、さらに大きさの変化を記録した。

瓦は粘土を成形・乾燥後に焼いた屋根材である。異なる性状の瓦、すなわち産地の異なるもの、製法の新しいものと古いもの、さらに釉薬《うわぐすり》を塗ったものと、6種類の瓦を使用した。新しい製法のものほど吸水性が低く、表面が滑らかである。直径3㎝前後の地衣体中央の裏を両面テープに付けて、各瓦の7カ所に貼り付けた。なお、実験に用いた両面テープは市販のものだが、驚くべき粘着力があった。また、15カ月の風雨にさらされても、ほとんど剝《は》がれることはなかった。

ただ、実験は最初からうまくいったわけではない。あいにく雨の日に採取した地衣体は濡《ぬ》れていて、テープに付けても簡単に剝がれてしまった。また、地衣体の裏に細かい砂や土が付いていたものもダメだった。1カ月後に再度チャレンジした。再挑戦の日も雨だった。吸い取り紙でよく乾かし、地衣体の裏をサンドペーパーでよくこすってから、がっちり両面テープに貼り付けた。テープに一旦《いったん》密着すると今度はほとんど剝がれなくなった。

この実験は2014年3月に始まったが、夏の間は不安だった。晴天の日が続き、地衣体を移植した瓦の上にも容赦なく暑い日差しが降り注いだからだ。南向きの屋根の瓦などは手で触れてみると、熱くてやけどしそうなほどだった。そんな環境条件では、地衣類は乾燥して休眠状態になるというのだが、気が気ではなかった。それでも山間《やまあい》のせいか、朝夕は霧が発生して谷間《たにあい》を蔽《おお》い、それが地衣類にとって有力な水分の補給源になった。

瓦に移植して3ヵ月目ぐらいから、地衣体の周辺部から少しずつ新しい小裂片（葉状のもの）が発生して、地衣体が拡大してきた。自生している場合と違って、古い製法の瓦だけでなく新しい製法の瓦でも、釉薬を塗った瓦でも、移植した地衣類がうまく定着して成長することがわかった。これは予想外の朗報だった。そして、約15ヵ月で、直径が2倍にもなるものまであった。移植した地衣体の中には脱落したものもあるが、地衣体の成長率は、瓦の種類に関係ないことが確認された。地衣類は水分を得やすい環境でよく成長する傾向がある。新しい製法の瓦は吸水性や保水性が比較的劣るはずだが、新しい瓦での地衣類の成長が古い瓦に比べて劣ることはなかった。少々の水分条件の差は、地衣類の成長にとって大きな問題ではないようだ。

この研究によって、明日香村では、いずれの瓦にも移植することは可能であり、意外にも、新しい瓦上にもエゾキクバゴケが繁殖することが明らかになった。なお、この移植実験に味を占めた木下先生は、自宅のある大阪府豊中《とよなか》市でも移植実験を試み、自宅の屋根瓦に地衣類を生やそうとした。ただ、豊中市の空気は明日香村ほどきれいではない。案の定、半年ほどで地衣類は枯れて、実験は失敗に終わった。それでも、移植が可能な場所は日本にいくらでもあるに違いない。

地衣体や小裂片などは、表面が滑りにくい古い製法の瓦の方が定着しやすい。この定着しやすさが、野外で古い瓦に地衣類が多い原因であると結論づけた。そうであれば、表面が滑りやすい新しい瓦でも、小裂片などを定着できれば十分生えてくることが予想される。例えば、小裂片を両面テープに貼り付けて、それを新しい瓦屋根に貼っておけば、簡単に生えてきそうだ。さらにその周りに両面テープだけを貼っておいても、隣の小裂片の一部が飛んできて新たに地衣類が生えてくるだろう。10年もすれば、瓦屋根一面に地衣類が密生するのではないだろうか。

食器とカビ

身近な生活用品である食器におけるカビとの闘いの歴史を次に述べたい。食器の製造や利用は、縄文《じょうもん》時代以来、自然発生的に始まったことだろう。日本で使われていたのは、木製食器と土器であった。いずれも吸水性のよい素材で、水分を受けるために使ったから、カビが生えやすかったはずだ。

以前、カビについての市民向けの講演を行った際、参加されていた方が、これを見てほしいと、紙に包んだものを持って来られたことがある。包みの中から、手書きの花模様の高級な陶器の皿が出てきた。表側だけでなく裏側にも淡灰色のカビによる汚れが見られる。屋根裏に置いたままになっていた木箱から陶器を出して見たら、どれもこんな状態だったという。

「この陶器の表面の汚れは本当にカビによるのでしょうか」「陶器にカビは生えるのでしょうか」「この食器を使っても健康上問題はないでしょうか」と矢継ぎ早に質問された。

私は皿を預かって調べることにした。皿には粉状の胞子の塊に見える汚れがあった。シャーレで培養してみると、カビがいっぱい生えてきた。久しぶりに皿を使おうとしたというが、カビは確かに生きていたのだ。このカビは、やや高浸透圧条件でも生育するアオカビの1種であるPクリソゲナムだった。

私は、それまでに陶器の被害品を持ち込まれたことはなかった。ただ、その後、京都北野《きたの》天満宮《てんまんぐう》の縁日などの古道具市に行けば、皿などにホコリのようにカビが溜《た》まっているのが目につくようになった。陶器のカビを見て以降、注意して探せばいくらでも発見できることを知った。

陶磁器の表面には、薄いガラス状の被膜である植物の灰の釉薬を施してある。釉薬は、陶器に色や艶《つや》を与えるばかりでなく、内部への水の浸透を抑え、汚れの付着を減らす役割がある。ただ、釉薬の表面に貫入《かんにゅう》という細かいヒビができ、使い込むにつれて、茶渋や汁がそこにしみ込む。それが、カビの栄養になることは避けられない。以前は、暗色のカビが残っていても洗えば取れるし、よく見かけるので誰も気に留めなかった。近年では、来客用の古い食器を使う機会が減ったため、偶然カビを見つけると健康被害を心配するようになったようだ。後日、皿の持ち主に電話した。

「よく洗えば、心配することなく使えます」

柿渋と漆

木製の食器もカビ被害を避ける工夫が施されている。

木製の汁椀《しるわん》は熱さが伝わりにくくて軽いから、今日でもよく使われている。木製食器は丈夫ではあるが、使っているうちに、木地がささくれだったり、傷がついたりする。すると、その部分に暗色の汚れが目立つようになる。これは主にクロカビやコクショクコウボによるものだ。

木製食器の素材は、ケヤキやクリなどの比較的硬い材が中心だった。関東以北に多かったブナの木は、加工しやすかったが腐りやすかった。平安《へいあん》時代になって、ブナに柿渋を塗ることによって、ケヤキの木地椀の代用材になった。鎌倉《かまくら》時代には、何も塗っていない木地椀の他に、柿渋を塗った椀、さらに漆の朱椀や黒椀といくつかのグレードがあった。日常的に使う木地椀には、漆塗りをせず柿渋だけを施したものが圧倒的に多かった。一方、漆を塗る場合に下塗りがまず行われるが、それは木地に高価な漆が大量にしみ込むのを防ぐためである。その下塗りの材料として、漆の代わりに炭粉などを混ぜた柿渋が用いられた。安価な柿渋下地の漆器の出現によって、漆器が庶民にまで普及するようになった。柿渋は、日本の誇る漆文化を下支えしたのである。

塗りの塗料として代表的な漆や柿渋は、ともに中国から伝わり、日本に定着していた塗りの技術である。とりわけ、漆の技術は蒔絵《まきえ》にも発展し、我が国が世界に誇る工芸品にまで昇華した。一方、庶民が自家製で作った柿渋も、戦後に化学塗料が普及するまで続いた伝統ある技術である。湿気の多い日本で、木製食器をカビさせず衛生的に使用する工夫の賜物《たまもの》である。

大阪の十三《じゅうそう》に「柿しぶ」と大きな看板のかかった創業90年の「大阪西川」がある。現在では全国に数軒しかないという柿渋の専門店だ。十三は淀《よど》川のほとりにあり、戦前には漁師の漁網に塗る柿渋を多く販売した。

柿渋は水をはじき、防水や防腐作用がある。柿渋のタンニンが酸化重合して、不溶性の強靭《きょうじん》な被膜ができることで効果が生ずる。用途は多岐にわたり、木製品や漁網以外にも、渋紙、和傘などの製造に利用された。防水のために「番傘」の紙の上に塗ったが、その褐色は柿渋の色である。また、かまどで火をおこすときに使う褐色の団扇《うちわ》は、和紙の強度を高めるために柿渋を塗ったものだ。いずれも江戸時代の長屋の生活を彷彿《ほうふつ》とさせる。

以前、その店を訪れたことがある。販売している柿渋の原液を試飲させてもらった。

そっと舐《な》めると舌先が痺《しび》れるとともに、渋柿を誤って食べた懐かしい子供時代に引き戻された。柿渋は渋柿のまだ熟していない青柿を潰《つぶ》して、搾った液を発酵させる。柿の中の糖分をアルコール発酵させて分解するためだ。有効成分であるタンニン以外の不純物を除くと、優良な柿渋エキスができる。

青柿の収穫時期は、最も渋いタンニンの多い時期が選ばれた。熟柿《じゅくし》や落柿は、酸化や腐敗によってタンニン量が減少するようだ。また、柿渋作りには、大柿より小柿の方が、タンニンの含有量が多くてよい。柿渋を取るために、マメガキを自家栽培する村も多かった。

一方の漆は、縄文《じょうもん》時代からすでに食器の塗装に使われたようだ。食器では吸水性を抑えるために木地器だけでなく、土器にも塗られた。ただ、非常に貴重なもので、奈《な》良《ら》時代でも遺跡から出土した漆器は非常に少なく、わずか200点ほどだという。

漆の木は北海道から九州大分県まで広く分布している。人々は家の近くに漆の木を植えて手入れをしてきた。漆は水だけでなく、酸やアルカリにも強いが、紫外線には弱い。主成分はフェノール類の混合物であるウルシオールという脂質である。精製された漆は、水を溶媒として塗られる。漆の含有成分が空気中の水分を取り込んで酸化・重合することによって、硬くて柔軟な塗膜ができる。塗った後は、高温と高湿度によってゆっくり乾かすのがよく、日本の梅雨時の気候に適しているという。

漆の持つ第一の特性は、強靭な塗膜による防水性だ。また、塗った表面の美しさは格別だ。いつまでも真新しい感じがする。漆器には黒漆塗りの上に、朱漆を施したものまであった。日本で漆塗りが発達したのは、各地で原料が採れることと共に、漆器の製造だけでなく保存にも一定の湿気が必要なためだという。漆器は工芸品として輪《わ》島《じま》塗など多くの名品を作り出した。岐阜県飛騨地方に住んでいた父は、春慶《しゅんけい》塗の茶色い漆器を大切にしていた。この漆器は、正月などのハレの日にのみ家族の前に姿を現した。

岩手県大迫《おおはさま》町の例では、約3割の上級階層が、鉄分のベンガラを含んだ朱漆を塗ったものを購入していた。約2割を占める中間層はベンガラと柿渋で、村の半分を占める下層が柿渋だけの椀を使っていた。つまり、7割が木地椀を購入して、ベンガラや柿渋を自分の家で塗っていた。また、剝げてくると塗り直して使った。生活の余裕や階層によって塗る素材は異なるが、お椀を汚れやカビなどから守って、いつまでも大切に使う習慣が根付いた。

木製食器に漆や柿渋を塗ることは、木地に水が浸《し》み込んで腐敗したり、カビが生えたりするのを防ぐのに有効であった。ただ、それは確かな技術で作られ、紫外線に当てないなど正しい使用法や保存法が普及している場合だけである。有機溶媒のない時代に、水溶性の柿渋や漆によって塗装を行い、カビなどと闘ってきた祖先の知恵は大いに評価されてよい。

文化財をカビから守れ

食器の場合のように、工夫によってカビの繁殖を抑えることは可能である。しかし、文化財の場合には、カビを完全に封じ込めようとするから、その闘いは苦難に満ちたものになる。その経緯と得られた教訓を紹介したい。

文化財は日本人の古代への夢をかきたてる。考古学における大発見のニュースは人気があるのか、テレビや新聞などのメディアに大きく取り上げられる。すでに半世紀ばかりたつが、1972年に発掘された高松塚古墳の時も大きな扱いだった。高松塚古墳の石室の西壁から極彩色の絵が見つかったのだ。「飛鳥美人」とニックネームがつけられた女子群像だ。中国史学者の貝塚茂樹《かいづかしげき》氏によれば、「(壁面の女人像は、)主人にお仕えしているというような厳粛な表情がないんですね。ですから、はじめは野遊びしているところの絵かしらんと思ったぐらいフリーに描かれている」(末永・井上編『高松塚壁画古墳』)。

ニュースが広がると、古墳マニアだけでなく一般の人も、その美しさと明るさに驚嘆した。古墳のある奈良県明日香村は「日本人の心のふるさと」ともてはやされた。今日では、世界遺産などの観光資源として、国民のルーツを辿《たど》るものとして、またアイデンティティーの象徴として、文化財が尊重されることが当たり前になっている。しかし、これは昔からの世界の常識ではなかった。

人類の歴史を振り返れば、文化財の破壊が繰り返されてきた。とりわけ、支配者の交代によって、あるいは戦争によって、古いものが打ち壊された。それまでの歴史的遺産としての文化財は、古い時代の負の遺産と思われた。最近でも、2001年にアフガニスタンにあるバーミヤンの仏教遺跡がタリバン政権によって壊滅的な破壊行為にさらされた。世界の人々を落胆させたことは、記憶に新しいところである。カンボジアのアンコール・ワットも、1970年以降の長期間の内戦によって荒れ果てた。

他にも1945年の第二次大戦末期にドイツの古都であるベルリンの街は連合国の空襲によって破壊しつくされた。今日のベルリンの街は、パリやロンドンに比べていかに歴史的建造物が少ないか、その落差に驚かざるを得ない。日本も明治初頭（1870年代）に廃仏毀釈《きしゃく》の思想のもとに、貴重な文化遺産である多くの仏教施設が破壊された。奈良・興福寺《こうふくじ》の五重塔は売りに出され、危うく薪にされるところだった。

このように枚挙にいとまがないが、これまでの苦い歴史を乗り越えて、文化遺産を大切に保存することが、世界的な潮流になったのである。そのような中で、文化遺産を元のままに保存しようとすると、ヒト以外に多くの敵がいることに気づかざるを得ない。その敵は、ヒトの生活にとって必須《ひっす》の光や酸素や水分であった。さらには、カビや植物などの生物であったのだ。

世界の遺跡の劣化

古代エジプトの石像であるスフィンクスが崩壊の危機に瀕《ひん》している。その胴体に大きな亀裂《きれつ》が走っており、このままだと100年もしないうちにスフィンクスの首が落ちる可能性があるという。原因には塩分が関与しているようだ。近年、ピラミッドやスフィンクスの近くは農業のために灌漑《かんがい》が進んでいるが、地下水は塩分を多く含んでいる。この水の中の塩分が乾燥した地表の近くや胴体のところで再結晶する。これが胴体などの亀裂を広げる原因になっている。

大気汚染による文化財の劣化も問題になっている。アテネのパルテノン神殿の大理石像が窒素酸化物やイオウ酸化物を含む雨によって溶けたという。日本でも同様に、宇治《うじ》・平等院《びょうどういん》の国宝金銅鳳凰《ほうおう》と国宝梵鐘《ぼんしょう》が汚染物質を含む雨によって腐食をうけた。

カンボジアのアンコール・ワットは、その巨大な遺跡群の建っている地盤に少しずつ変化が生じた。その結果、建造物全体が歪《ゆが》み、その隙間に水が浸入し、蘚苔《せんたい》類を含む多くの生物が生息するようになった。それらの生物によって石材の劣化が助長されている。

昆虫も文化財に深刻な被害を及ぼす。ちょっと古い文化庁の調査資料だが、197

0年代には重要文化財建造物の80%以上がシロアリの被害を受ける危険に曝《さら》されていた。また、シロアリによる木彫の被害や、フルホンシバンムシなどの穿孔《せんこう》性の甲虫による古文書の被害も多く見られた。

有名な絵画は、美術館の条件がよく整った環境に保存されている。それでも絵画は次第に劣化していく。原因の一つは光、とりわけ紫外線が絵具の素材を劣化させ、色褪《あ》せが起きるのだろう。また、絵画の保護用に用いられているニスは、長い年月の間に黄変することが知られている。例えば、「モナリザ」の遠景の山の色は、今日ではかなりくすんだ色になっているが、元々は青色だったそうだ。

貴重な文化財を保存するにはどうしたらよいか。あらゆる文化財は次第に劣化していくから、永久保存は科学的にはありえない。保存のためには、自然の摂理に反して、物理化学的な分解を抑え、微生物の繁殖を阻止する必要がある。

ラスコーの洞窟壁画と敦煌の洞窟壁画

フランスのヴェゼール地方にあるラスコーの洞窟《どうくつ》壁画は、1940年9月に、たまたま愛犬を探しに洞窟に入った少年たちによって発見された（図8－2）。洞窟内には、多数の野生の牛や馬などが生き生きとカラフルに描かれている。一般公開は、48年7月から始まった。見学者数は60年には年間10万人を超えた。フランスで4番目の

図8-2　ラスコーの壁画はカビ被害で直接見ることはできない。現地には、内部を再現したレプリカの洞窟がある

人気観光スポットになった。そこではしばしの間、観光客が祖先の心に浸ることができた。

そんな中で、49年以降には壁面にカビや黒いシミが見られるようになった。60年には、藻類の生育が確認された。それ以上の汚染を避けるため、63年4月にはラスコーの洞窟は閉鎖された。その後も、洞窟内の水分を除いて結露を防ぐ目的で、空調設備が設置された。それでも、２０01年以降には、洞窟全体でカビによる汚染が見つかった。ラスコーの壁画では、アカカビやウロクラディウムなどの好湿性カビが多く見つかった。その他に、第六章で述べた石灰岩帯でよく見られるオクロコニス属のカビの多いことがわかっている。

なぜラスコーの壁画は1万年以上も完全な状態で保存されてきたのだろうか。ラスコーの壁画は石灰岩の洞窟の天井や壁に直接描かれている。洞窟壁画の保存がよいのは、石灰分を含む水が岩盤の割れ目から浸み出して、壁画を覆っているためであろう。一方で、見学者が洞内に持ち込む衣服の繊維片などは、貧栄養環境に生きるカビにとって、無視できない量の栄養になる。閉鎖後もその影響は長く残った。今考えればそのような説明ができるが、公開当時はそのようなリスクがあるとは、だれも想像しなかったに違いない。今日、約80年前の少年らによるラスコーの壁画の発見物語を聞くと、私はとても悲しい思いがする。

ラスコーの洞窟は、キトラ古墳のように、壁画の剝ぎ取りや移動は不可能なので、窟《いわや》内をカビの生えない状態にいかに保つかが、主な対策だ。洞窟内の温度は12℃、湿度は99％という。このように湿った環境でカビを生やさないようにするのは至難の業であるというより、私には不可能に思える。

洞窟の文化財としてもう一つ紹介したい。中国の敦煌莫高窟《とんこうばっこうくつ》、世界最大の石窟群である。ゴビ砂漠の端に位置し、東西の文明を結びつけたシルクロードの拠点になっていた。古くからの堆積《たいせき》層を大泉河が浸食してできた崖面《がけめん》に、700以上の窟が掘られ、窟内は合計4万5000㎡の壁に仏教絵画が描かれている。

敦煌は砂漠の真ん中にあり、カビ被害とは無縁だと思う人は多いかもしれない。しかし、多くの壁画が描かれた時代にはいわばオアシスで、この地域では最も水の豊かな渓谷に作られたのである。今日では乾燥している洞窟壁画の多くは、常に塩害による被害を受けている。一方で、地表面が30～35％と低湿度であっても、30㎝も堆積岩を掘ってみれば、湿度はしばしば95～100％にもなり、水も見つかる。堆積層の内部から塩分を含む水分が浸み出して、乾燥した表面で再結晶し、壁画に深刻な影響を与える。一方、浸み出してきた水のために、窟の奥の壁画にカビが生えることもあるという。

高湿度の日本で乾燥に強いカビが繁殖

日本の文化財保存も苦闘の歴史だ。日本の文化財に生えるカビには、2つのグループがある。湿った環境に生える好湿性のカビと、少量の水分を利用して生える好乾性のカビである。高湿性のカビは、非常に湿った環境にあるラスコーの壁画や高松塚の壁画の敵であるが、こちらは実は多くない。好乾性カビが、日本の国宝を含む多くの文化財を蝕《むしば》んでいる。

歴史のある寺社の多くは、密教信仰の影響から、鬱蒼《うっそう》とした山間部や山すその傾斜地に建てられている。このような社寺では、建造物と共に、木製の仏像なども非常に湿った環境に曝されているために、著しくカビ汚染している場合がある。木材は保水性がよいので、長雨が続けばもちろん、ほんの少し濡れるだけでも、好乾性カビの成長が促進される。古い木像の文化財は黒っぽくなっているものが多いので、カビに汚染されていても目立たない。ホコリを被《かぶ》ったように見える木像のふき取り調査をすると、好乾性カビが大量に検出されることがある。

文化財の多くは元あった場所で、保存に適しているとは言えない環境に安置されている。また、すべての文化財が、保存や修理が十分になされているわけではない。これまでの科学的知識を十分応用できる対象は限られている。また、保存のための予算が十分に確保されている例は少ない。たとえ重要文化財に指定されても、すべて博物館などに保存されるわけではない。文化財には、信仰対象であるという要素が絡んでいる。

1933（昭和8）年に、刀剣のさびが問題になった。さびの原因にカビが関与しているという。これが、文化財についての本格的なカビ研究の嚆矢《こうし》である。刀剣にはカビの栄養分は少ないが、鉄製なのでその表面は冷えやすく結露しやすい。その少量の結露水を利用して、好乾性のカビであるカワキコウジカビなどが発生する。カビが成長するに伴って分泌する有機酸が、刀剣のさびを助長することがわかった。

好乾性カビによる被害は、古文書にも及ぶ。和紙などに黄色い斑点《はんてん》のできるフォクシングがある。フォクシングは〝星〟とも呼ばれ、黄褐色の斑点状のカビのコロニーである。１９７０年代に、これは好乾性のカビが原因であることがわかった。好乾性カビの代表であるＡレストリクタスやカワキコウジカビは、カラカラに乾燥したところには生えないが、少しでも湿り気があれば生える。さて、古文書などに生えるカビは何を栄養にしているのだろうか。革装の本では動物性の皮脂などを、布装の場合には繊維に付着した有機物や汚れを栄養源にしている。紙のにじみ防止に用いるデンプン糊《のり》や和紙の「ネリ」なども、カビにとっての好物だ。

高松塚古墳とキトラ古墳の壁画

先ほど高松塚古墳について少し述べたが、ここで詳しく見ていきたい。高松塚古墳は7世紀末頃に造られ、１９７2年に発掘が行われて壁画が発見された。そして、壁画は74年に国宝に指定されたが、華々しいニュースとは裏腹に、発掘以来、石室内の微生物汚染に悩まされ続けてきた。いつの間にか、カビの楽園になっていたのだ。

では、なぜ発掘までの１３００年間、高松塚古墳の壁画はカビなどの微生物汚染を受けずに保存されてきたのだろうか。高松塚古墳は鎌倉時代の頃に盗掘されたこともあり、建造以降、必ずしも古墳内部が閉鎖系であり、無菌状態だったわけではない。また、ほぼ１００年ごとに震度が５から６の南海《なんかい》地震が起きており、江戸時代の地震では石室を構成する石がずれて隙間ができた。そこから、土砂や木の根が石室に侵入したようだ。さらにムカデまで侵入し、それらを餌にカビやダニまで内部で生息する食物連鎖が起きたという。であるにもかかわらずなぜ？　まさに奇跡という他はない。同様の古墳は数多くあったことだろう。古墳時代から1000年余りの間に、樹木の根で岩が砕かれ、微生物の分解によってその姿を留《とど》めないものが多いという。奇跡がなぜ起きたかの原因は解明されていない。

ただ、残念ながら、その奇跡は、発掘以降は起きていない。

好湿性のカビは、結露した窓に生えるカビと似ている。高松塚古墳の石室では、72年に、壁の表面からクロカビ、ススカビ、ニグロスポラのほか、ツチアオカビなども見つかった。石室内の気温を10℃ぐらいまで下げた2006年以降には、暗色のアクレモニウムが増加した。これらのカビはいずれも、野や山の土壌に多い、貧栄養の環境で生きているカビである。古墳の辺りに生息していたカビが石室に侵入し、内部で生えているようだ。

高松塚古墳と並んで、壁画が人気を博したのがキトラ古墳だ。高松塚古墳から約1㎞の所にあり、高松塚古墳と同時代に造られた。ファイバー・スコープによって1983年に壁画が発見され、2004年に発掘が始まった。高松塚古墳の前例があったので、壁画の汚染には最大限の注意が払われた。それでも05年には石室内に微生物汚染が見つかった。キトラ古墳では、カビ以外にも、多様な細菌を多く含むゲル状物質であるバイオフィルム汚染が見つかった。

高松塚古墳でのカビとの闘い

高松塚古墳で大規模なカビ被害が見つかったのは1980～81年で、さらに2001～02年にも黒い斑点状のカビ汚染が多く見つかり、その対応に追われることになった。それでも04年の段階まで、高松塚に関わる人々の多くさえ、カビの恐ろしさを十分に認識していなかったように思える。石室の壁の一部にカビが生えても、大切な壁画の部分は大丈夫と信じていた。カビはお菓子のような栄養の多い所に生えるものであり、栄養がほとんどない壁画部分などには、カビが繁殖することはないと高をくくっていたのかもしれない。その結果、作業員も防護服を着ずに作業を行うこともあったという。

04年に壁画の部分も、描線などが退色し、茶色のカビの痕跡《こんせき》で汚れていることが初めて明らかになった。寝耳に水だった。1980年にカビが大発生した後、カビの生えた部分を筆で拭《ふ》き取ることを現場では繰り返してきた。その間に、白虎《びゃっこ》の輪郭がぼやけてほとんど見えなくなり、朱色の部分も退色したり変色したりした。壁画がカビによって汚染されることは、文化財としての価値を根底から揺るがすものである。被害の重大さに、現場の担当者も向き合うことが怖かったのであろう。高松塚古墳において、「カビの汚れ」という言葉が初めてかつ衝撃的にニュースとなった。そして、多くの国民が「飛鳥美人の危機」を知るようになったのである。それまで、日本ではカビで文化財が台無しになるという例はなかった。それ以降、手のひらを返すように、カビの手ごわさが言われだした。

私の経験からも除去の至難さがよくわかる。壁の表面などをカビや細菌が汚染すると、それらの細胞の一部は壁の表面の粒子の隙間に潜り込んでしまう。その上、細菌はカビの菌糸の間やその陰に身を潜める。ゆえに、薬剤を使っても隅々までは十分浸透しない。しばらくは除去できたように見えても、必ず再発する。除菌作業を繰り返すほかはないのだ。

高松塚古墳では、発掘以降に見つかったカビに対して、アルコールやアルコールとホルマリンを混ぜたものを塗布した。住宅の壁などの抗カビ剤として用いられるチアベンダゾールも使用された。また、パラホルムアルデヒドの燻蒸《くんじょう》が、殺菌のために行われた。この燻蒸は、漆喰《しっくい》の奥の方にも浸み込んでよく効いた。それ以降、燻蒸が重視されるようになった。また、薬剤耐性を警戒して、薬剤の変更も行われた。殺菌用にアルコールより殺菌力の強いイソプロパノールも使用された。狭い空間に多くの薬剤が投入されたのだ。

怖いのは、少量の殺菌剤でもカビなどの栄養になる可能性があることだ。石室の壁の表面は貧栄養な環境である。エチレンオキサイドは、代表的な殺菌用のガスである。しかし、容易に加水分解されて、微生物の栄養であるエチレングリコールになることがある。ラスコーの壁画でも同様に、殺菌剤による処理が行われてきた。しかし、殺菌効果のある塩化ベンザルコニウムなども、栄養となってカビを増やす結果になったと考えられている。

高松塚の壁画の保存作業の過程で、どのような除カビ剤を使ってもうまくいかないことがわかってきた。また、漆喰や壁画の顔料への薬剤の悪影響も懸念されるようになった。文化財の保存・修理は一度の失敗も許されない。それが抜本的な解決策ではないとわかっていても、やはり何らかの薬剤を使用し続けざるを得ない。終わりのない永遠の綱渡りであった。石室の中で、密室の中と言うべきかもしれないが、カビとの果てしない闘いが繰り広げられた。

人的影響の除去

高松塚古墳の石室の壁画が1300年もカビ汚染されなかった理由の一つは、石室内が無菌に近い状態に保たれたためであると私は考える。カビ汚染に対する人的影響として、文化財にカビの胞子を持ち込んだ可能性がまず疑われた。その結果、カビを石室内部に持ち込んだ犯人探しが行われた。入る必要のある人以外で入ったのはだれか。作業者の靴や衣服などの殺菌手順に不備があったのではないか、などである。これは、室内でノミが見つかった時に、それを持ち込んだ犬や猫を探すことに似ている。しかし、これはカビの侵入については必ずしも当てはまらない。カビは乾燥に強く、空気を介してうつる方が普通だからだ。外気と接すれば、人を介さずとも内部がカビ汚染される可能性が高い。

一方で、内部を定期的に点検し、必要に応じて補修する作業は絶対に行わねばならない。内部に入る時に外気に含まれたカビなどが石室に流入しないように、1976年にはすでに石室の前に大きな前室が造られていた。そこで除菌して、人のやっと通れるような小さい盗掘口から石室内に入って、多くの作業がなされていた。それでも、カビの侵入を完全に抑えるのは難しかった。

発掘されるまでの環境をそのまま維持すれば、壁画は元のままの状態で維持できるのではないかという考え方がある。すなわち、湿度はほぼ100%で、気温は約16℃である。ただ、石室内は大変狭い。2人入って作業すると一杯になるくらいで、内部の環境は変わりやすい。人が中に入るだけで、できるだけ制御したい石室内の温度や二酸化炭素の濃度が上昇してしまう。

私は、菌類の生態を研究して40年余りになるが、わからないことがあまりに多い。肉眼で観察できる生物ならまだしも、見えない微生物の生態を調べること自体が至難の業である。さらに、どの環境要因がカビの生育に作用しているかを十分解明するのは、夢のまた夢である。

発掘までカビが繁殖しなかった理由として、さらに2点ばかり指摘したい。一つは、アルカリ性の持つ防カビ効果である。ラスコーの壁画も石灰岩の洞窟であり、漆喰もやはり消石灰であり、どちらもアルカリ性であるからだ。同様に、浴室のタイル目地はセメントなので、新しい間はカビが生えにくいものだ。

もう一つは、顔料である。壁画の顔料には、カビに対して抑制効果のある銅や水銀や鉛が多く含まれているからだ。銅は緑や青の部分に、水銀も赤い色の部分に使われている。また、何も描かれていない部分にも鉛白が塗られている。そして、鉛白の濃度の低い部分や、それをカビと共に拭《ぬぐ》い取った部分にカビ汚染がよく見られるという。

壁画は現場で乾燥させようとしても、石壁の方から壁画の漆喰の表面に水が浸み出してくるので簡単ではない。また、漆喰をはがして急激に乾燥させれば、顔料が脱落して、壁画の色も消えてしまう可能性がある。1300年も経過した漆喰は水の浸食を受け、スカスカで、酒粕《さけかす》のようにもろくなっている。乾燥した砂漠の壁画とは、保存法も異なるのである。しかし、カビだけのことを考えれば、壁画をはがして、乾燥させるのが一番である。これ以外にはないと私も思う。十分に乾燥した環境中ではカビは生えない。

できるだけ古墳内で壁画を修理・保存をすべきだとの意見も根強くあった。しかし、最終的には壁画の描かれている石室を解体して、外部の施設で修理することが決まった。2005年のことである。最初に高松塚古墳の壁画にカビが見つかってから20年余り後のことであった。

正倉院がお手本

保存科学の世界ではIPM（総合防除システム）によって保存するというのが、近年の流れである。博物館などは現在IPMが主流だ。できるだけ薬剤に頼らず、保存環境をより制御することによって、宝物をカビや害虫から守ろうという考え方である。この潮流は、それまで行われていた強力なガス燻蒸剤の健康被害や環境汚染への悪影響に対する反省から生まれたものだ。そして、保存物の環境制御や日常監視体制に重点が置かれている。これは、保存施設の経費節約にも繋《つな》がっているという。

日本には文化財の保存に関してよいお手本がある。それは正倉院《しょうそういん》である。

正倉院の宝物庫の中でも宝物を収納している唐櫃《からびつ》は、温度や湿度の変化が非常に少ないのが特徴である。雨が続くと、唐櫃内の湿度は70％程度まで上昇するが、1日遅れくらいでゆっくり変化する。なぜカビが生えなかったかというと、湿度が絶対100%にならない、安定した環境だったためである。湿度が60%を超えるとカビが生えると、教科書には書いてある。平均湿度はそうではあっても、温度が変化しやすいと湿度の振幅は大きくなる。一部でも相対湿度が100%になると結露して水滴ができ、カビが生えてくる。正倉院のように、湿度が完全に70%以下に維持されていればカビは生えない。今日では、正倉院の理念が多くの博物館でも活かされている。

文化財である以上は、常に一般の人々に公開する責務を負っている。保存する場合でも、公開する形で保存するのが望ましい。たとえガラス越しであっても、文化財と同じ空気を吸いたいという人は多い。キトラ古墳の壁画ははぎ取られ、石室の環境とはまったく異なった環境で保存されている。2006年以降、カビなどの多くの劣化要因を抑えるために、壁画は湿度50%前後の室内環境下で保存され、明日香村の飛鳥資料館でその一部が公開され、人気を集めている。

高松塚古墳は、2007年に壁画の描かれている壁石ごと修理のために運び出された。凝灰岩の壁石についた壁画は、室温21℃、湿度55%、紫外線をカットした蛍光灯下で、修理が行われた。12年の歳月をかけて、20年3月にようやく終了した。カビによる暗色の汚れもよく除かれた。新たなカビ汚染や顔料の脱落は起きていないという。08年以降、高松塚古墳の壁画の修理作業室がしばしば公開されてきた。公開の度に、多くの人々が押し寄せている。

壁画のカビ汚染は、日本人の心にも傷を残したのかもしれない。それでも、かけがえのない文化財を幾多の脅威から守り、後世に伝える私たちの責務はいかに苦難に満ちたものかを学ぶことができた。一方で、古墳内部におけるカビとの闘いは、カビを敵に回すと、いかに打ち勝つことが難しいかを、私たちに広く知らしめたことは間違いない。

あとがき

ビギナーズラックという言葉が研究者にも当てはまるとすれば、これをいうのであろう。私は、これまで大学生の研究指導をしたことは何度もあったが、中高生の指導経験はまったくなかった。いわんや、中学3年生の女子生徒らとカビの調査について話をすることなど皆無だった。それが、こんな展開になるとは予想もしなかった。これから同様な機会があっても、こんなことはまず間違いなくなかろう。

すべては、博物館への突然の電話で始まった。

「カビの調査をしたいので、話を聞きに一度訪ねたい」生徒の1人が電話をしてきたのだ。1週間後、道を間違えて遅くなりましたと言って、4人でワイワイ言いながら現れた。話の途中で、こちらがちょっと冗談を言うと、笑い転げてしばらく話ができなかった。

学校に持参する身近な生活用品について、カビの調査をしたいという。調査するだけでなく、データの解析やまとめも自分たちでするつもりだ。私に実験方法のアドバイスをして欲しいという。大阪教育大学附属平野《ひらの》中学校3年の生徒たちで、生徒たちが自主的に研究を行う教育プログラムの一環であった。

どんなところにカビが生えているかの予備調査では、カバン、ネクタイ、コイン、スマホ、折りたたみ傘等々について行った。その中で、最もカビが生えていたのは水筒だった。私はごく最近まで知らなかったのだが、今日の水筒は小型で、細く軽量な魔法瓶だ。内部が狭く、洗いにくい構造になっているようだ。

水筒は内部に水分を溜《た》めているので湿りやすく、細菌やカビが発生する可能性がある。しかし、飲み物を毎日入れ替えるので、カビは簡単に除かれるはずである。学校に持参する水筒の中身は、水か麦茶などの茶類に限られていて、カビの好きな糖分の多い飲み物を入れているわけではない。論より証拠。調べるしかない。

2019年10月に始まった本調査では、同じクラスの生徒などから40本余りの水筒を集めて、綿棒を使って内部のふき取り調査をした。また、使用状態についてアンケート調査も行った。私も水筒サンプルからふき取った綿棒の汚れを一緒に観察した。黒いカビが多く生えていれば汚れが付着しているはずだったが、最初の期待は外れた。汚れはなく、どれもきれいだったのだ。果たしてカビが生えてくるものか、私は内心不安だった。それでも、予備調査の結果を信じて、カビの培養検査の結果がわかる1週間後を待った。

予想以上の結果だった。約半数の水筒にカビが生えていた。アオカビ、フォーマ、コクショクコウボなどのカビだった。カビ数が1万個を超える水筒が約23％あった。

私の仕事はここまでで、その理由を考えるのは、彼女たちだ。どんな要因がカビに影響しているか、彼女たちは解析した。そして、1カ月後に、電話がかかってきた。

「緑茶に含まれるカテキンは、カビに効きますか？」

彼女たちの分析はこうだ。水筒を提供してくれた生徒たちは、ふだんから内部の洗浄をよく行っていた。全体の75％が毎日洗っていると答えた。微生物の汚染を防ぐには有効なはずだが、この洗浄の効果はあまり認められないようだった。

その証拠に、非保温型の水筒は、ふたの部分が単純で洗いやすい形をしており、その平均カビ数は保温型に比べて1/3以下で、カビの多い水筒もなかった。一方、保温型の水筒は、水漏れしないようにフタにパッキンが付き、凹凸が多くて複雑である。ここに汚れなどが付着しやすく、細長いブラシの先さえ届かないものが多い。この暗くて見にくい部分に、カビがよく生えていた。汚れが見えないから注意して洗わないのだろう。

彼女たちは内部に生えるカビの栄養は何だろうかと考えた。茶類の飲み物に含まれる有機物が、カビの栄養になっていると推測した。有機物が最も少ない水を入れている場合、平均カビ数は麦茶やほうじ茶などを入れている場合に比べて1/8以下だった。

かったのだ。

ところが、緑茶を入れている水筒が6本あり、そのいずれでもカビ汚染が見つからな

緑茶に多く含まれているカテキンが影響しているのだろうか。カテキンは細菌やカビに対して抗菌作用があることは知られている。ただ、茶葉を焙煎《ばいせん》したほうじ茶にもカテキンは残っているはずだが、カテキンの量が少ないため、抗菌効果がないのかもしれない。また、緑茶には他の茶類にない有効成分が含まれている可能性もある。いずれにしても、意外で興味深い結果であった。ここまでデータを解析し、考察した彼女たちに、私は感服した。

彼女たちのまとめで最も驚いたのは、コントロール（対照実験）のデータがあったことだった。水筒も保温型だけでなく、非保温型のデータもあった。また、水筒に詰める飲み物の場合も、水の場合と比較している。

調査結果は、校内でも高い評価を得て、中学生だけでなく、附属の高校生の前でも発表したという。今日の学校の発表は、ポスター発表と口頭発表の併用である。結果を埋もれさせてはもったいないと、私は、さっそく彼女たちと共著の論文の形で発表することにした。それが新聞に取り上げられ、ネットのニュースにもなった。さらには、テレビ局からも出演依頼が舞い込んだ。

新聞の取材に対し、ある生徒はこんなふうにコメントした。

「以前は（カビは）ただ汚いという印象だったけれど、詳しく調べてみて生物としての興味深さを感じました」

泣かせるセリフだ。カビもたくましく生きる生物の一つなのだ。大人はもちろん、大学生でも言えまい。日常生活を科学するのは、頭の柔らかい中高生に向いているかもしれない。

２０２０年3月には、新型コロナウイルスの影響で、彼女たちの学校も臨時休校になり、卒業式は通常より簡略化して行われた。多くのイベントや集会の自粛が呼びかけられている。現在でも、世界中でウイルスとの闘いが繰り広げられている。この状況は、14世紀以降、何度もヨーロッパを襲ったペストの流行《はや》った時代を思い起こさせる。そんな昔と現代で、これだけの科学の進歩にもかかわらず、市民の恐怖感は基本的に変わっていないのだ。見えない敵との闘いは、今日でも危険で、シビアなものであると思う。未来においてもそうかもしれない。微生物を扱った本書もそんな未来に役立つものであることを願っている。

本書は、菌類全般について日頃から話をしている大阪市立自然史博物館の佐久間大輔氏の助力なしではできなかった。また、この本を書くにあたって、広島大学の堀越孝雄氏、大阪健康安全基盤研究所の小笠原準氏、山崎一夫氏には、貴重な意見を賜った。また、楽器について教えてくれた娘の咲《さき》にも感謝したい。最後に、編集の堀由紀子さんの協力なしではまとまった本にならなかった。深謝したい。

2020年5月　大阪にて

文庫化によせて

単行本の出版からほぼ2年の時が流れた。それより前の2020年2月から新型コロナウイルスの猛威が日本を襲い、2年余り後の今日も災禍から脱け出せずにいる。その間、第1波から第6波まで、流行が繰り返し押し寄せている。「中世ヨーロッパのペストの流行と同じだ」と頭の中ではわかっていたつもりで、他人から「流行はもう来ないよね」と問われても、「また来るかも」と言っていた。だが、中世より遥かに進歩した現代科学に携わるものとして、「ワクチンさえできれば災禍はたちどころに霧散する」とまさに魔法を信じていたのである。期待が大き過ぎたのかもしれない。

この間、もっとも変わったのは他人との対話であろう。在宅勤務が増えて外出する機会が減り、会議だけでなく、各地で開かれるはずの学会までオンラインになった。大学の授業も多くがオンデマンドになり、私の授業風景の動画を流すだけで、学生の顔を見ることもなく2年間単位を出した。多くの用件は、出かけて会わなくても、パソコンに向かうだけで済むようになった。新聞記者の取材さえズーム（Ｚｏｏｍ）だ。

友人との雑談やうわさ話、むだ話をする楽しいひと時も、新しい出会いの機会もなくなった。これまで、こんなに寂しい思いをしたことはなかった気がする。

そんな中、単行本の「あとがき」で紹介した中学生の4人もこの4月で高校3年生になった。彼女たちは中3の時に、水筒に入れる緑茶の成分がカビの生育を抑える可能性があることを調査で明らかにした。その後について述べたい。

昨年（2021年）の夏休み前に、2年生になった小林さんから連絡があり、中3の時の実験の続きをしたいとのこと。一人は受験勉強が忙しくて参加できないが、他のメンバーの村田さんと湯川さんは参加したいという。この2年間の多くは、私の通う博物館も感染防止のため、できるだけ出入りの自粛が求められていた。そんな中で、博物館の一部の設備も利用しながら、細々と続きの実験することになった。

以前の調査で、保温式の水筒のふたにカビ多く生えていることがわかった。水筒に入れている飲物が麦茶などの場合はカビが多いが、緑茶を入れている場合はカビが非常に少なかった。今回は、その理由を実験で明らかにするため、まずさまざまな飲物の培地でカビの生育を比較してみたいと彼女らは言う。

やはり高校生が考える楽しい実験である。ふだん家に置いてある飲物を持ち寄って、カビの生育を抑えるものを探っていくつもりのようだ。インスタントのかぼちゃスープや青汁から、紅茶、コーヒー、ココアなど10種類の飲物を試すという。私は、濃度を一定にするために、飲物はいずれも粉末を溶かしたものを用いるようにアドバイスした。だから、実験に用いた紅茶も緑茶も粉末である。彼女たちは、それらの粉末をふだん飲むのと同じ0・5％の濃度にして、寒天で固めた培地を使ってカビの実験を行った。各培地の上で、水筒にも多いクロカビの生育状況を正確に記録するために、スマホで多くの写真撮影を行った。

すると、緑茶とコーヒーの培地では、ふだん飲む濃度でもカビの成長が少し抑えられ、カビの色が薄くなり、特有の色素の分泌が見られることに気付いたようだ。緑茶とコーヒーの培地では、他の飲物培地では見られないカビの成長の抑制効果が、穏やかながら認められるという。これらの些細な違いに気づいたのは、カビのコロニーを気持ち悪がらずに注意深く観察した結果であろう。まずは、緑茶がカビの抑制に有効であることを実験的に確かめることができた。

この有効成分は、彼女たちが予想したように、緑茶では茶葉に多く含まれるカテキンで、コーヒーではカフェインであろうか？　幸運だったのは、どちらの純粋な成分も通販で買うことができたことだった。

緑茶の代わりにカテキンをごく少量加えて実験してみても、カビに対して緑茶と同様の作用があったことを示す証拠写真を見せてもらった。こうして、緑茶成分のカテキンがカビの成長抑制に関与していることが確認された。「なぜ、お茶をいれた水筒にはカビが少ないいか」の疑問が、2年ぶりに実験的に解明されたのである。

一方で、カフェインはカビの生育に対する影響が見られなかったという。つまり、コーヒーのカビの生育に作用するのは、カフェイン以外の成分であるようだ。コーヒーというとカフェインのイメージが強いが、そのほかにも多くの成分が含まれているのだろうと、私は助言した。こんな意外性が新しい研究の原点であり、彼女たちにとって新たな宿題もできたようである。

実験の目標がほぼ達成できたことから、新聞社などが主催する高校生などの科学コンテストに応募したいと言ってきた。しかし、これまで書いたことがない論文形式のレポートにまとめるのは、大学生並みの訓練が必要で、高校2年生にとってかなり荷が重いように私には思えた。それでも締め切り間際まで彼女たちは頑張ったようだ。レポートのタイトルは、「ティータイムは健康をつくる」。応募当日に3人がワイワイがやがやと相談して決めたタイトルだった。

審査発表の結果は入選だった。最終審査に残れなかったのは、実験結果が地味だと思われたからかも知れない。しかし、これまで緑茶がカビの抑制に有効であるといっても あくまで濃縮した場合とされていたが、ふだん飲む濃度でも有効であることを今回発見したのだ。日常生活でも役立つ発見だと私は思っている。彼女たちと共著で、実験結果をまとめて論文にし、食品の専門誌に投稿した。それ以上に、彼女たちも簡単に手に入る実験材料を用い、推測された結論を実験的に証明することの楽しさを学んだに違いない。

文庫では、第5章を新たに設けた。市民ができるカビ対策について解説した。その他の部分についても、より分かりやすくなるように改訂した。楽しいだけでなく、手元において役立つ一冊であることを祈って。

2022年4月　大阪にて

浜田　信夫

主な参考文献

1）市川幸充、吉川翠『住まいの新しいカビ・ダニ退治法』主婦と生活社、２００１

2）今井敬潤『柿渋（かきしぶ）』法政大学出版局、２００３

3）川上裕司、杉山真紀子『博物館・美術館の生物学』雄山閣、２００９

4）小泉武夫『麹カビと麹の話』（４版）、光琳、２００１

5）A・マクズラック、西田美緒子訳『細菌が世界を支配する』白揚社、２０１２

6）May, J.C. and May, C.L., The Mold Survival Guide : For Your Home and for Your Health. Johns Hopkins University Press, Baltimore (2004)

7）宮治誠『カビ博士奮闘記』講談社、２００１

8）D・モントゴメリー、A・ビクレー、片岡夏実訳『土と内臓』築地書館、２０１６

9）Money, N. P., Carpet Monsters and Killer Spores. Oxford University Press, NY (2004)

10）N・マネー、小川真訳『キノコと人間』築地書館、２０１６

11）毛利和雄『高松塚古墳は守れるか』NHKブックス、２００７

12）小川真『「マツタケ」の生物学』築地書館、１９７８

13）小川眞『キノコの教え』岩波新書、２０１２

14）ポール・ド・クライフ、秋元寿恵夫訳『微生物の狩人（上）』岩波文庫、１９８０

15) Progovitz, R. F., Black Mold : Your Health and Your Home. Forager Press, LLC. NY (2003)
16) 末永雅雄、井上光貞（編）『高松塚壁画古墳』朝日新聞社、1972
17) 塚谷裕一「関東大震災直後に都心を覆ったカビの正体は？」科学朝日、朝日新聞社、1993年3月号
18) 吉川翠、戸矢崎紀紘、田中正敏、須貝高、生協・科学情報センター『住まいQ＆A 寝室・寝具のダニ・カビ汚染』井上書院、1991
19) J・ウェブスター、椿啓介ら訳『ウェブスター菌類概論』講談社サイエンティフィク、1985

本書は2020年6月に弊社より刊行した
『カビの取扱説明書』を文庫化したものです

カビの取《とり》扱《あつかい》説《せつ》明《めい》書《しょ》

浜《はま》田《だ》信《のぶ》夫《お》

令和４年　５月25日　初版発行
令和６年　５月30日　再版発行

発行者●山下直久

発行●株式会社KADOKAWA
〒102-8177　東京都千代田区富士見2-13-3
電話　0570-002-301（ナビダイヤル）

角川文庫 23195

印刷所●株式会社KADOKAWA
製本所●株式会社KADOKAWA

表紙画●和田三造

●お問い合わせ
https://www.kadokawa.co.jp/（「お問い合わせ」へお進みください）
※内容によっては、お答えできない場合があります。
※サポートは日本国内のみとさせていただきます。
※Japanese text only

ISBN 978-4-04-400708-9　C0140

◆◇◇

角川文庫発刊に際して

角　川　源　義

第二次世界大戦の敗北は、軍事力の敗北であった以上に、私たちの若い文化力の敗退であった。私たちの文化が戦争に対して如何に無力であり、単なるあだ花に過ぎなかったかを、私たちは身を以て体験し痛感した。西洋近代文化の摂取にとって、明治以後八十年の歳月は決して短かすぎたとは言えない。にもかかわらず、近代文化の伝統を確立し、自由な批判と柔軟な良識に富む文化層として自らを形成することに私たちは失敗して来た。そしてこれは、各層への文化の普及滲透を任務とする出版人の責任でもあった。

一九四五年以来、私たちは再び振出しに戻り、第一歩から踏み出すことを余儀なくされた。これは大きな不幸ではあるが、反面、これまでの混沌・未熟・歪曲の中にあった我が国の文化に秩序と確たる基礎を齎らすためには絶好の機会でもある。角川書店は、このような祖国の文化的危機にあたり、微力をも顧みず再建の礎石たるべき抱負と決意とをもって出発したが、ここに創立以来の念願を果すべく角川文庫を発刊する。これまで刊行されたあらゆる全集叢書文庫類の長所と短所とを検討し、古今東西の不朽の典籍を、良心的編集のもとに、廉価に、そして書架にふさわしい美本として、多くのひとびとに提供しようとする。しかし私たちは徒らに百科全書的な知識のジレッタントを作ることを目的とせず、あくまで祖国の文化に秩序と再建への道を示し、この文庫を角川書店の栄ある事業として、今後永久に継続発展せしめ、学芸と教養との殿堂として大成せんことを期したい。多くの読書子の愛情ある忠言と支持とによって、この希望と抱負とを完遂せしめられんことを願う。

一九四九年五月三日